互联网 + 职业技能系列微课版创新教材

C#程序设计与数据库编程

沙 旭 徐 虹 刘上朝 编著

北京希望电子出版社
Beijing Hope Electronic Press
www.bhp.com.cn

内 容 简 介

随着“互联网+”时代的到来，职业教育和互联网技术日益融合发展。为提升高素质技能人才的培养水平，推出“互联网+职业技能系列微课版创新教材”。

本书采用知识点配套案例的模式进行讲解，将理论知识与操作技巧有效地结合起来。全书共 12 章，内容包括.NET 框架知识，C#语言基础，面向对象编程，错误、调试和异常处理，WinForm 控件，文件 IO，网络编程，多线程编程，数据库与 SQL，T-SQL 编程，ADO.NET 编程，LINQ 编程等。

本书可作为大中专院校、职业学校及各类社会培训机构的教材，也可作为编程爱好者提升 C#程序开发技能的参考用书。

为帮助读者更好地学习，本书配套提供了微课视频，读者可以通过扫描封底和正文中的二维码获取相关文件。

图书在版编目（CIP）数据

C#程序设计与数据库编程 / 沙旭，徐虹，刘上朝编著. -- 北京 ：北京希望电子出版社, 2020.4

互联网+职业技能系列微课版创新教材

ISBN 978-7-83002-750-6

Ⅰ. ①C… Ⅱ. ①沙… ②徐… ③刘… Ⅲ. ①C 语言－程序设计－教材 ②数据库管理系统－程序设计－教材Ⅳ. ①TP312.8②TP311.13

中国版本图书馆 CIP 数据核字(2020)第 046834 号

出版：北京希望电子出版社

地址：北京市海淀区中关村大街 22 号

中科大厦 A 座 10 层

邮编：100190

网址：www.bhp.com.cn

电话：010-82626227

传真：010-62543892

经销：各地新华书店

封面：汉字风

编辑：周卓琳

校对：付寒冰

开本：787mm×1092mm 1/16

印张：17.5

字数：415 千字

印刷：北京昌联印刷有限公司

版次：2020 年 4 月 1 版 1 次印刷

定价：49.00 元

FOREWORD 前言

本书是为有志于从事.NET开发的读者编写的一本针对性强的书，旨在为读者点亮学习行程中的导航灯，使读者更加明确努力的方向，让读者在短时间内把握学习的要领，增强.NET程序编写和开发的能力。

作者有幸通过全国计算机技术与软件专业技术资格中的数据库系统工程师、系统集成项目管理工程师和信息系统项目管理师资格考试，这都源于在信息系统项目建设过程中对该领域的热爱。计算机软件资格考试属于国家专业技术资格职称考试，通过后可以评聘技术员、助理工程师、工程师和高级工程师。

.NET技术范围的广度和深度都比较大，而学习讲究的不仅是勤奋和坚持，更讲究的是方法。对于个人，甚至整个软件行业，方法都是至关重要的。本书在组织结构和内容写作上，倾注了笔者许多的精力和心血，将个人的思考、心得及体会融入其中，相信能够为读者有效地学习.NET技术和软件开发技术打下良好的基础。

本书在写作风格和组织形式上与其他教材相比有独特的特点。本书的内容源于工程实践，书稿基于作者多年的工程和教学经验所创作，书中尽可能覆盖最新且实用的.NET开发技术。在结构上，把握由浅入深的原则，分步骤地讲解.NET的知识，并融入了作者多年的开发体会。书中每一个案例均给出了详细的说明。在内容表现形式上，本书以全新的角度撰写，尽量在案例分析过程中让读者理解、巩固和深化各个知识点，运用生动的语言、深入浅出的方式讲解难点，帮助读者更好地学习。这些内容在实际培训中已获得了良好的效果。

作为一本教材用书，作者尽献家珍，精心编著，力求做到既“授之以鱼”，又“授之以渔”，适合起点低、基础薄弱的读者。本书编写了多个.NET领域的实践案例，案例中涉及的概念较丰富，阐述的问题较典型，介绍的经验较实用，力求使读者可以从书中获取实践经验，并使读者的学习思路从庞杂的知识点中得到升华。本书的读者对象需要具有一定的编程基础，并有志于不断提升自我。

读者在第一次阅读此书时，可能会对书中的某些概念和应用不能完全理解，但不必着急，学习需要循序渐进，更需要积累，希望读者能够反复研读此书，以体会编程学习中的奥妙。

本书试图在案例的选取与分析上，尽可能多地涉及.NET框架的内容，由于条件的限制，最终只选取了比较重要的几个部分。刘上朝名师工作室的老师们参与了本书习题勘误的工作。

本书在写作过程中，得到很多同事、学术界的朋友、计算机工程界的朋友们的鼓励和帮助，在此特别要感谢新华教育集团电脑事业部教学运营中心和新华教育集团各电脑院校的大力支持，他们的帮助开拓了我们的研究思路。感谢众多热心的读者提出的意见和建议，这使本书能更加贴近读者。同时，本书在编写过程中，还参考了同行的一些资料和书籍，在此对相关的作者表示诚挚的感谢。

由于编者水平有限，书中难免有疏漏或不妥之处，恳请广大读者批评指正。

编 者

CONTENTS 目录

第1章 .NET框架知识

1.1 .NET Framework 2
1.2 公共语言运行时 4
1.2.1 公共语言运行时的特点 4
1.2.2 公共语言运行时的优点和功能 4
1.2.3 公共类型系统 5
1.2.4 公共语言规范 5
1.2.5 中间语言 6
1.3 .NET Framework类库 6
1.4 命名空间 7
1.4.1 命名空间的组织方式 7
1.4.2 定义命名空间 8
1.4.3 使用.NET Framework类库 10
1.5 配置C#环境 11
本章总结 13
练习与实践 13

第2章 C#语言基础

2.1 变量和数据类型 16
2.1.1 使用变量和数据类型 16
2.1.2 声明和初始化变量 22
2.1.3 数据类型的转换 22
2.2 运算符与表达式 23
2.2.1 运算符 24
2.2.2 表达式 24
2.3 控制语句 24
2.3.1 分支语句 24
2.3.2 循环语句 31
本章总结 37
练习与实践 37

第3章 面向对象编程

3.1 面向对象概述 40
3.2 类的结构 41
3.2.1 定义类 41
3.2.2 定义成员方法 43
3.2.3 方法的返回值 45
3.2.4 成员方法的重载 46
3.2.5 构造方法 48
3.2.6 析构函数 49
3.2.7 类的成员变量 50
3.3 继承 52
3.3.1 继承的意义 53
3.3.2 如何定义派生类 54
3.3.3 覆盖基类成员的方法 55
3.4 抽象类与多态 60
3.4.1 抽象类的定义及特点 60
3.4.2 抽象方法 60
3.4.3 抽象属性 61
3.4.4 什么是多态性 62
本章总结 63
练习与实践 63

第4章 错误、调试和异常处理

4.1 错误分类 66
4.1.1 语法错误 66
4.1.2 运行错误 67
4.2 程序调试 69
4.3 异常处理 69
4.3.1 异常处理知识 69
4.3.2 异常类和用户自定义异常 71
本章总结 73
练习与实践 74

第5章 WinForm组件

5.1 窗体设计 76
5.1.1 创建Windows窗体应用程序的过程 76
5.1.2 设置窗体属性、方法和事件 77
5.2 Windows基本控件 79
5.3 菜单、工具栏与状态栏 95
5.3.1 菜单 95
5.3.2 工具栏 96
5.3.3 状态栏 96
5.3.4 动态增加选项卡控件 97
5.4 对话框 98
5.4.1 消息对话框 98
5.4.2 窗体对话框 98
5.4.3 对话框控件 99
5.5 多文档界面（MDI） 102
5.5.1 MDI窗体的概念 102
5.5.2 设置MDI窗体 102
5.6 打印与打印预览 102
5.6.1 PageSetupDialog组件 102
5.6.2 PrintDialog组件 103
5.6.3 PrintPreviewDialog组件 103
5.6.4 PrintDocument组件 104
本章总结 104
练习与实践 104

第6章 文件IO

6.1 文件和System.IO 108
6.1.1 文件和System.IO模型概述 108
6.1.2 System.IO模型 108
6.2 文件与目录类 109
6.2.1 File类 109
6.2.2 FileInfo类 110
6.2.3 Directory类和DirectoryInfo类 110
6.2.4 Path类和DriveInfo类 111
6.3 数据流基础 112
6.3.1 流操作类介绍 112
6.3.2 文件流 112
6.3.3 文本文件与二进制文件的读写 113
本章总结 118
练习与实践 118

第7章 网络编程

7.1 计算机网络基础 122
7.1.1 局域网与因特网介绍 122
7.1.2 网络协议 123
7.1.3 端口与套接字 124

7.2 网络编程基础......125
7.2.1 System.Net命名空间及相关类的使用......125
7.2.2 System.Net.Sockets命名空间及相关类的使用......127
7.2.3 System.Net.Mail命名空间及相关类的使用......133
本章总结......136
练习与实践......136

第8章 多线程编程

8.1 线程概述......140
8.1.1 多线程工作方式......140
8.1.2 何时使用多线程......141
8.2 线程的基本操作......141
8.2.1 线程的执行......141
8.2.2 线程的挂起与恢复......143
8.2.3 线程的休眠......144
8.2.4 终止线程......144
8.2.5 线程优先级......145
8.3 线程同步......146
8.3.1 Lock关键字......147
8.3.2 线程池......147
8.3.3 定时器......148
本章总结......148
练习与实践......148

第9章 数据库与SQL

9.1 使用SQL语句创建和删除数据库......152
9.1.1 SQL Server数据库的基础知识..152
9.1.2 数据库的属性......153
9.1.3 创建数据库......153
9.2 数据库表设计......154
9.2.1 数据类型......155
9.2.2 通过T-SQL建立、删除、修改数据库表结构......155
9.3 数据查询语句......158
9.3.1 查询的定义及语法结构......158
9.3.2 单表查询......158
9.4 统计函数和模糊查询......160
9.4.1 统计函数......160
9.4.2 模糊查询......161
9.5 分组查询......163
9.6 多表联合查询......164
9.6.1 多表查询......164
9.6.2 子查询（嵌套查询）......166
9.7 数据操纵语句......169
9.7.1 插入数据......169
9.7.2 修改语句......171
9.7.3 删除语句......171
9.8 系统函数......172
9.8.1 数学函数......172
9.8.2 字符函数......172
9.8.3 日期时间函数......172
9.8.4 ROW_NUMBER( )函数......173
9.9 视图......174
9.9.1 什么叫视图......174
9.9.2 视图定义与创建......174
9.9.3 删除视图......176
9.9.4 通过视图添加表数据......176
本章总结......178
练习与实践......178

第10章 T-SQL高级编程

10.1 使用和定义变量 182
10.1.1 局部变量 182
10.1.2 全局变量 183
10.2 流程控制语句 184
10.2.1 顺序结构 185
10.2.2 分支结构 185
10.2.3 循环结构 191
10.2.4 T-SQL语句的综合应用 194
10.3 标量值函数的创建 195
10.4 FOR XML PATH语句的应用 198
10.4.1 FOR XML PATH 介绍 198
10.4.2 FOR XML PATH的应用 200
本章总结 201
练习与实践 201

第11章 ADO.NET编程

11.1 ADO.NET模型 204
11.1.1 ADO.NET简介 204
11.1.2 ADO.NET体系结构 205
11.1.3 ADO.NET数据库的访问流程 206
11.1.4 ADO.NET访问数据库 207
11.2 使用ADO.NET读取和写入XML 229
11.2.1 创建XSD架构 229
11.2.2 加载XML架构到DataSet 230
11.2.3 使用ADO.NET读写XML 231
11.3 服务器连接 234
11.3.1 连接服务器公共类的编写 234
11.3.2 通过App.Config文件连接 236
11.4 C#中调用存储过程 239
本章总结 244
练习与实践 245

第12章 LINQ编程

12.1 LINQ概述 248
12.1.1 LINQ简述 248
12.1.2 LINQ查询 249
12.1.3 LINQ 和泛型类型 250
12.1.4 Lambda表达式 250
12.2 LINQ查询表达式 252
12.2.1 数据源 252
12.2.2 筛选 252
12.2.3 排序 253
12.2.4 分组 253
12.2.5 联接 254
12.2.6 投影 254
12.3 LINQ操作SQL Server数据库 255
12.3.1 使用LINQ查询SQL Server数据库 255
12.3.2 使用LINQ更新SQL Server数据库 259
本章总结 265
练习与实践 265

选择题参考答案 267
参考文献 268

.NET框架知识

本章导读

Microsoft Visual Studio C#是Microsoft公司开发的一种使用简单、功能强大、表达丰富的语言。本章将介绍有关.NET和C#的基础知识，如什么是.NET Framework及其类库、公共语言运行时、程序集、命名空间等，最后简单介绍如何配置C#的开发环境。

学习目标

- 掌握.NET Framework的组成
- 掌握CLR的组成与工作原理
- 掌握命名空间、微软中间语言的原理及应用

技能要点

- CLR的分类及原理
- 命名空间与Visual Studio 2017的集成开发环境
- .NET Framework的组成
- FCL的原理及应用

实训任务

- Visual Studio 2017 IDE 环境的熟悉及应用

1.1 .NET Framework

.NET Framework是用于Windows的托管代码编程模型，用于支持生成和运行下一代应用程序。

.NET Framework具有两个主要组件：公共语言运行时和.NET Framework基础类库。

公共语言运行时是.NET Framework的基础，可以将其看作一个在执行时管理代码的代理，它提供内存管理、线程管理和远程处理等核心服务。它强制实施严格的类型安全及可提高程序的安全性、可靠性和准确性。学过Java的同学应该知道，从这点上来说，有点类似于Java的虚拟机。

.NET Framework的另一个主要组件是类库，它是一个面向对象的可重用类型集合。我们可以使用它开发多种应用程序，包括传统的命令行，如图形用户界面（GUI）或C#控制台命令的应用程序，还包括基于 ASP.NET 所提供的Web应用程序和传统的WinForm窗口程序。.NET Framework和Visual Studio.NET之间的关系如图1-1所示。

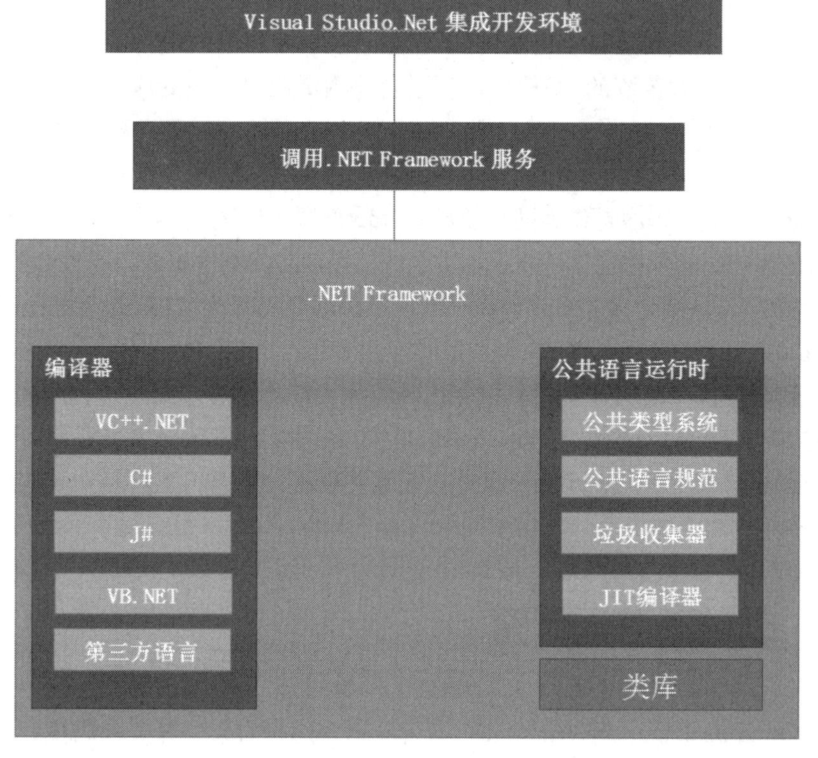

图1-1 .NET Framework和Visual Studio .NET之间的关系

.NET使得软件开发者创建运行在IIS服务上的Web应用程序相比其他编程语言或平台相对更容易。同时，对创建传统的基于客户端和服务器Windows的应用程序和WPF窗体也非常容易。.NET开发平台如图1-2所示。

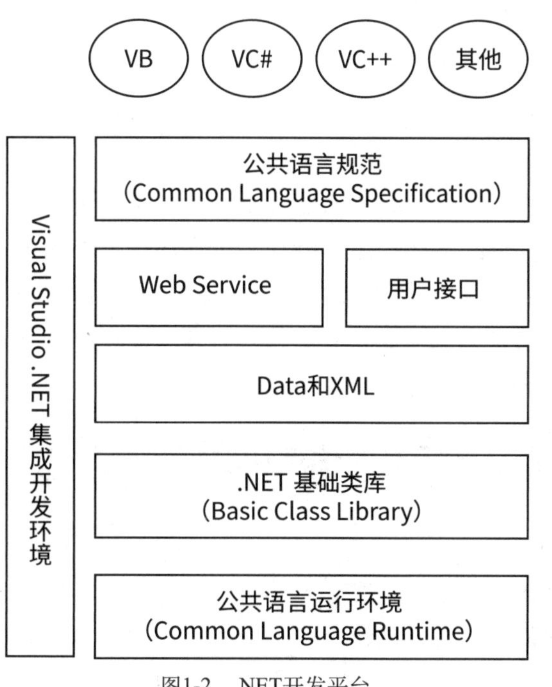

图1-2 .NET开发平台

.NET开发平台客户端应用程序开发

客户端应用程序主要是基于传统的C/S结构开发，软件开发后，需要在用户的客户端上安装应用程序。比如传统的QQ软件，基于企业内部网络使用的应用程序等。客户端应用程序通常使用标签、文本框、列表框、组合框、树形控件、工具栏、菜单控件、按钮和其他GUI元素，并且它们可能访问本地资源，如文件系统、打印机等。

另一种客户端应用程序是作为网页通过Internet部署的传统ActiveX控件。此应用程序非常类似于其他客户端的应用程序，它在本机执行，可以访问本地资源，并包含图形元素。

过去，开发人员结合使用C或者C++与Microsoft基础类MFC或应用程序快速开发（RAD）环境，如用Delphi或VB来创建此类应用程序。.NET Framework将这些现有产品的特点合并到单个且一致的开发环境中，该环境大大简化了客户端应用程序的开发。

包含在.NET Framework中的Windows窗体类旨在用于 GUI 开发。我们可以轻松创建适应多变的商业需求所需的WinForm窗口、资源管理器、菜单、工具栏和其他屏幕元素。

1.2 公共语言运行时

CLR（Common Language Runtime）即公共语言运行时，是托管代码执行核心中的引擎。CLR为托管代码提供各种服务，如语言集成、异常处理、版本控制和部署支持、调试和分析服务等。要使CLR能够向托管代码提供服务，语言编译器必须生成一些元数据来描述代码中的类型、成员和引用。

1.2.1 公共语言运行时的特点

基于公共语言运行时的语言编译器开发的代码称为托管代码。托管代码具有许多优点，例如，语言集成、异常处理、增强的安全性、版本控制和部署支持、简化的组件交互模型、调试和分析服务等。

语言编译器和公共语言运行时的功能对于开发人员来说不仅很有用，而且很直观。这意味着公共语言运行时的某些功能可能在一个环境中比在另一个环境中更突出。用户对公共语言运行时的体验取决于所使用的语言编译器或工具。例如，如果读者是一位Visual Basic开发人员可能会注意到，有了公共语言运行时，Visual Basic语言的面向对象的功能比以前强了很多。

1.2.2 公共语言运行时的优点和功能

1. 优点

- 性能得到了提升和改进。
- 可以使用其他语言开发的控件。

- 增加语言功能，如OOP开发中的多态、重载和接口。
- 可以结构化异常处理和自定义属性支持。

2. 功能

- 自我描述的对象。
- 面向对象的设计。
- 非常强的类型安全。
- 集中了Visual Basic的简明性和C++的功能。
- 类似于Java和C++的语法和关键字。
- 使用委托取代函数指针，从而增强了类型安全和安全性。
- 生产本地代码。

1.2.3 公共类型系统

公共类型系统（CTS）在.NET框架内提供一组标准的数据类型和准则集，使得CLR可以在不同语言开发的应用程序之间管理这些标准化的类型，并且在不同计算机之间以标准化的格式进行数据通信。公共类型系统具有以下功能。

- CTS定义了所有应用程序使用的主要.NET数据类型，以及这些类型的内部格式。
- CTS允许不同语言开发的组件可以相互操作。

公共类型系统不仅定义了所有的数据类型，而且提供了面向对象的模型以及各种语言需要遵守的标准。CTS可以分为两大类，值类型和引用类型，同时这两种类型之间还可以进行强制转换，这种转换被称为装箱（Boxing）和拆箱（UnBoxing）。CTS的每一种类型都是对象，并继承自一个基类System.Object。

把值类型转换为引用类型称之为装箱。

把引用类型转换为值类型称之为拆箱。

1.2.4 公共语言规范

要和其他对象安全交互，不用管这些对象是以何种语言实现的，但对象必须只向调用方公开它们必须与之互用的所有语言的通用功能，为此定义了公共语言规范（CLS）。CLS是许多应用程序所需要的一套基本语言功能。

大多数由.NET Framework类库中的类型定义的成员都符合CLS。

CLS定义了所有基于.NET Framework的语言都必须支持的最小功能。CLS定义的规则可以概括为如下4点。

- CLS定义了原语数据类型，如Int32、Int64、Single、Double和Boolean。
- CLS定义了基于0的数组的支持。
- CLS定义了事件名和参数传递给事件的规则。
- CLS定义了命名变量的标准规则。例如，与CLS兼容的变量名必须以字母开头且不能包含空格。

除了上述标准外，CLS还定义了其他标准。任何语言都可以扩展基本的CLS需求。不鼓励使用非标准的功能，因为这样做妨碍了语言之间的互相操作性。完全CLS的语言称为兼容的CLS语言。

1.2.5 中间语言

在.NET框架中，公共语言基础结构使用公共语言规范来绑定不同的语言。通过要求不同的语言，至少要实现公共类型系统（CTS）包含在公共语言规范中的部分，公共语言基础结构允许不同的语言使用.NET框架。因此在.NET框架中，所有语言（C#、VB.NET、Effil.NET等）最后都被转换为一种通用语言，即微软中间语言（MSIL）。

MSIL是将.NET代码转化为机器语言的一个中间过程。它是一种介于高级语言和Intel汇编语言之间的伪汇编语言。当用户编译一个.NET程序时，编译器将源代码翻译成一组可以有效转换为本机代码且独立于CPU的指令。中间语言的主要特征如下所述。

- 具有使用特性。
- 属于强数据类型。
- 可以使用异常来处理错误。
- 面向对象和使用接口。
- 值类型和引用类型之间存在巨大反差。

中间语言的格式类似于程序集语言。程序集语言的语句直接与内部CPU体系结构支持的指令相关，但中间语言的格式通常不依赖于特定CPU的体系结构。也就是说，中间语言不直接引用CPU寄存器或者执行CPU指令。当用户执行中间语句格式的应用程序时，另一个JIT编译器的实用程序会进一步把中间语言转换为目标CPU可以执行的本机可执行文件。

提示

.NET开发平台包括.NET Framework和.NET开发者使用的工具。.NET Framework是整个开发平台的基础，包括CLR和FCL，.NET开发者使用的工具包括Visual Studio.NET集成开发环境和.NET编程语言。希望读者能认真体会，并坚持学习。

1.3 .NET Framework类库

.NET Framework类库是一个与公共语言运行时紧密集成的可重用类型集合，它是一个由.NET中包含的类、接口和值类型组成的库。.NET Framework层次结构的基本类型为System.Object，也就是说System.Object类位于层次结构的最顶端，是.NET开发平台中的根。它提供了.NET Framework中所有类型的基本功能。表1-1列举了System.Object类中的一些基本服务。

表1-1 System.Object提供的服务

服务	说明
System.Object	提供了构造函数，而构造函数提供了从底层类型创建对象的机制
Equals	用于测试两个对象是否包含相同的数据，测试数据是否相同，而不是引用是否相同
GetHashCode	用于定义类型的哈希函数
GetType	用于返回对象的数据类型
ToString	用于把对象的值转换为字符串，大多数类中会重写该方法
ReferenceEquals	用于测试引用是否相等，也就是说测试两个对象变量是否引用了相同的类实例

1.4 命名空间

.NET Framework类库包含了大量的类，大约有3500个类。为了让程序设计人员快速找到所需要的类，.NET Framework类库被划分为许多命名空间，而一个命名空间包含了功能相似的类。

1.4.1 命名空间的组织方式

将具有相似功能的相似类在逻辑上进行分组，称为命名空间。C#中的命名空间与Java语言中的包具有相似的功能。命名空间是一种逻辑组合，而不是物理组合。不在同一个文件中的多个类可以共同包含在一个命名空间中，这样就创建了一个逻辑结构。

一个程序集可以包含一个或多个命名空间。例如System和System.IO命名空间都保存在System.dll程序集中。前一个命名空间也可能保存在两个程序集中。表1-2所示为所有.NET Windows窗体应用程序都会使用的命名空间。

表1-2 窗体应用程序使用的命名空间

命名空间	说明
System	该命名空间定义了数据类型、事件和事件处理程序的基本类
System.Data	该命名空间包含提供数据访问功能的命名空间和类，这些命名空间构成了ADO.NET
System.Drawing	该命名空间包含了提供Windows图形设备接口的类，这些类定义了各种绘图的类型，如圆、长方形等
System.IO	该命名空间包含了数据的读取和写入的所有操作
System.Windows.Forms	该命名空间包含工具箱中的控件及窗体自身的类

续表

命名空间	说明
System.Net	该命名空间包含了用于网络通信的类或命名空间
System.Xml	该命名空间包含了用于处理XML数据的类

在.NET Framework中，Integer或者String被认为是类型。例如，System命名空间在C#中是所有系统命名空间的根。

命名空间包含类、委托、结构、枚举和接口，它们都是类型。这些类型既有值类型又有引用类型，.NET开发者创建的每一个类型，以及用户在.NET应用程序中创建的类型都属于上述类型之一。其中，System命名空间包含了结构-值类型和类-引用类型；System.IO命名空间包含了类-引用类型和枚举类型。.NET Framework的所有组件以及开发者创建的所有组件都组织到包含类的命名空间中。如前所述，System命名空间可以包含其他命名空间或者类型，类可以包含成员，这些成员可以包含属性、方法。例如，WriteLine方法与Console类用于控制台窗口输出字符串，ReadLine用于从键盘上接收字符串。

1.4.2 定义命名空间

前面已经对命名空间进行了概述，命名空间能为各种标识符创建一个已经命名的容器。这样，同名的两个类如果不在同一个命名空间中，相互是不会混淆的。要定义命名空间，就需要使用namespace关键字。例如：定义一个名字为ynxh的命名空间，该命名空间包含了两个类，具体代码如下所示。

```
using System;
using System.Collections.Generic;
using System.Linq;
using System.Text;
namespace ynxh
{
class persion
{
    private string name;
    private int age;

   public void GetInfo()
   {
     Console.WriteLine("请输入姓名和年龄：");
     name=Console.ReadLine();
```

```
      age=Int.Parse(Console.ReadLine());
    }
    public void DispInfo()
    {
      Console.WriteLine("{0}的年龄为:{1}",name,age);
    }
  }
  Class program
  {
    Public  static void Main()
    {
      Persion per=new persion();
      Per.GetInfo();
    }
  }
}
```

上述定义的命名空间包含了两个类，一个类名为persion，用于处理人的相关信息；一个类名为program，用于对persion类进行实例化。把一个类放在命名空间中，可以有效地避免出现重名现象。该类的全名可用命名空间名称加句点和类的名称表示。在上述案例中，persion的全名为ynxh.persion，这样即使类名称相同，只要所属的命名空间不同，也可以在同一个程序中使用。当然C#中的命名空间还可以嵌套，比如下面的案例在C#语言中是支持的。

```
Namespace namespace1
{
    Namespace namespace2
    {
        Namespace namespace3
        {
            Class mycalss
            {
            }
        }
    }
}
```

每一个命名空间的名称中应该包含它所在命名空间的名称，这些名称之间用句点分隔开，首先是最外层的命名空间名称，其次是内层的命名空间名称，最后是自己的命名空间名称。所以namespace2的全名是namespace1.namespace2，而myclass的全名是namespace1.namespace2.namespace3.myclass。所以在这里定义命名空间时也可以直接给出全名。

1.4.3 使用.NET Framework类库

在C#开发项目中.NET Framework类库被广泛用于各个方面，从文件系统访问和字符串操作到Windows窗体、WPF窗体和ASP.NET用户界面控件。该类库被组织到多个命名空间中，每个命名空间包含一组相关的类和结构。例如，System.Drawing命名空间包含多种类型，这些类型表示字体、画笔、线条、形状、颜色等。

要使用.NET Framework类库必须使用using指令引用相应的命名空间，才能在C#程序中使用该命名空间中的类。在某些情况下，还必须添加包含该命名空间的DLL的引用，在C#程序中系统才会自动添加对最常用类库DLL的引用。

下面就使用.NET Framework类库的相关内容来创建一个实例。该实例中，当用户在“登录系统”窗口中输入账号信息，然后单击“取消”按钮，将弹出相应的信息。实例代码如下所述。

```
using System;
using System.Collections.Generic;
using System.ComponentModel;
using System.Data;
using System.Drawing;
using System.Linq;
using System.Text;
using System.Windows.Forms;
namespace xx
{
    public partial class ceshi : Form
    {
        public ceshi()
        {
            InitializeComponent();
        }
        private void button2_Click(object sender, EventArgs e)
        {
         if (MessageBox.Show("是否要关闭？ ", "询问信息",
MessageBoxButtons.OKCancel, MessageBoxIcon.Warning) ==
```

```
DialogResult.OK)
                            this.Close();
                    }
                }
            }
```

演示效果如图1-3所示。

图 1-3　代码演示效果

上述代码只是使用.NET Framework类库的简单访问。在代码中，首先通过using语句引用相应的命名空间，从而可以调用该命名空间内的类、方法等，然后获取用户输入的账户和密码，如果点击“取消”按钮，则会弹出对话框，提示用户是否关闭该窗口。

1.5 配置C#环境

要开发C#应用程序，就必须先配置C#的开发环境。由于C#是Microsoft.NET平台中的一种语言，需要在.NET IDE环境中开发，因此，在C#开发前，安装.NET Framework是非常必要的。

Visual Studio.NET 2017是一套完整的开发工具，用于生成ASP.NET应用程序、MVC、Windows桌面应用程序和移动应用程序等。在Visual Studio 2017开发环境中支持Visual Basic.NET、Visual C++.NET、Visual C#.NET等开发语言。该环境允许它们共享并创建混合语言解决方案，这些语言都运用.NET Framework的功能，它提供了对简化ASP.NET Web应用程序和XML Web Services开发关键技术的访问。图1-4为Visual Studio 2017的集成开发环境。

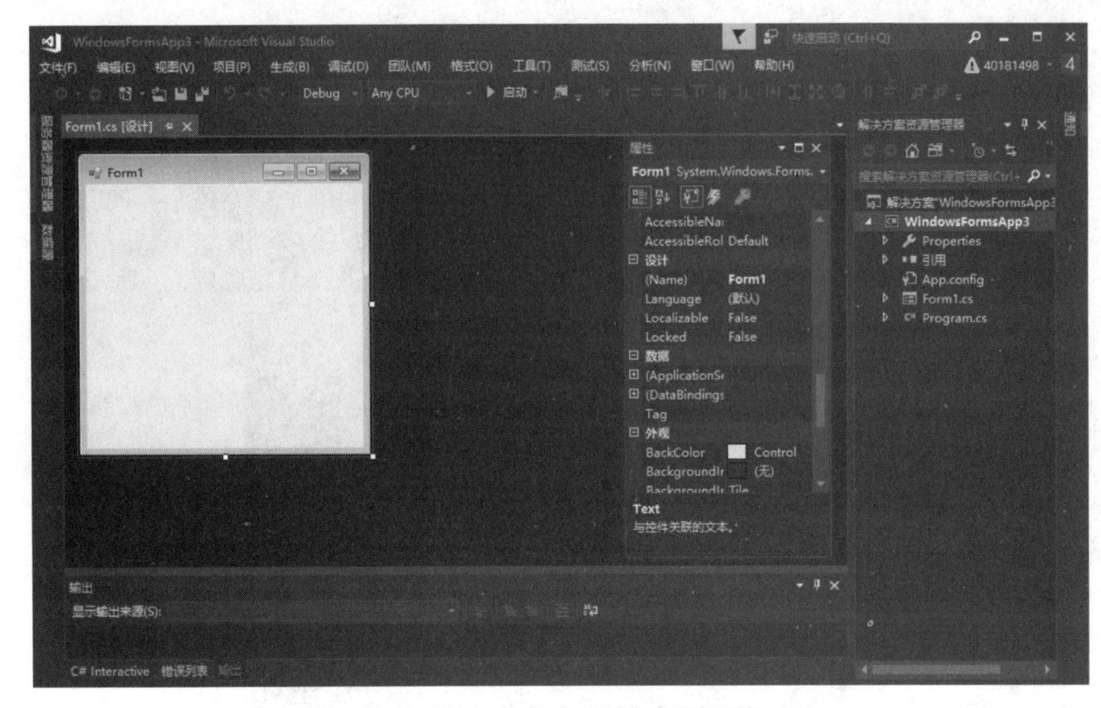

图1-4　Visual Studio 2017的集成开发环境

在图1-5项目的解决方案资源管理器中，可以组织和管理目前正在编辑的项目，可以重命名和删除文件，也可以创建新的文件和文件夹。在该窗口中，针对不同的项单击鼠标右键，在弹出的菜单中会根据不同的项显示不同的菜单项。在解决方案资源管理器的最上面，有一个工具栏，包括“属性”“刷新”“视图设计器”等工具，通过这些工具，可以方便、快捷地执行常用操作功能。

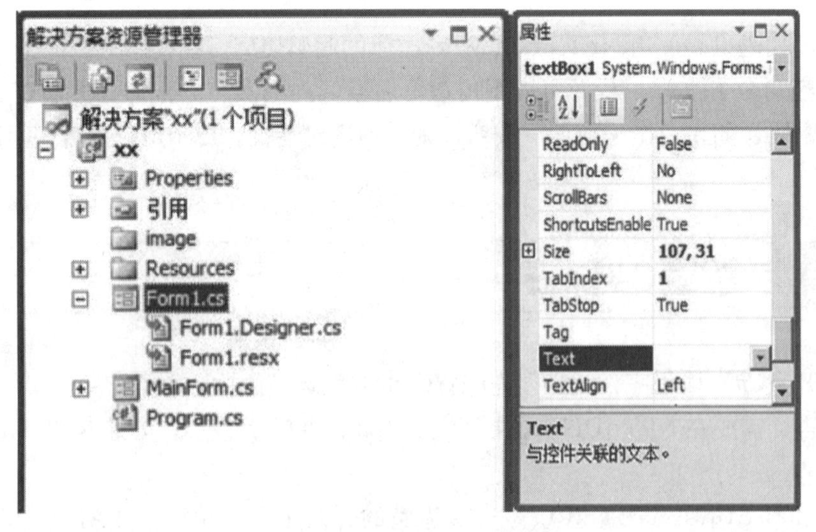

图1-5　解决方案资源管理器和属性窗口

本章总结

本章首先讲述了.NET Framework架构的知识，包括CLR；其次讲解了C#中命名空间的结构、如何引入命名空间、系统提供的常用命名空间有哪些；最后讲解了Visual Studio 2017集成开发环境的知识、如何创建项目、如何在集成开发环境中进行编译等。

练习与实践

【问答题】

1．.NET Framework组件包含哪几个部分，分别是什么，有何特点？
2．什么是命名空间，在C#中最原始的是哪个？
3．Visual Studio 2017的IDE环境相比Visual Studio 2015有哪些改进？
4．什么是装箱，什么是拆箱，分别有何特点？
5．微软中间语言有何特点，功能是什么？

【实训任务】

创建一个学生管理系统的解决方案	
项目背景介绍	Visual Studio 2017 IDE环境的熟悉与应用。
设计任务概述	在VS2017中创建一个学生管理系统的解决方案，并保存在“d:\练习”目录中。所选择的开发语言为C#，并通过控制台输出一行话，“这是我的第一个C#程序。”
实训记录	
教师考评	评语： 辅导教师签字：

第2章

C#语言基础

本章导读

编程语言通过语句来处理数据，而程序是由一系列按照某种顺序执行的语句组成，它是编程的基础知识。本章介绍变量的声明、初始化、引用，以及数据类型、运算符与表达式、结构类型、枚举类型、控制语句等方面的内容。

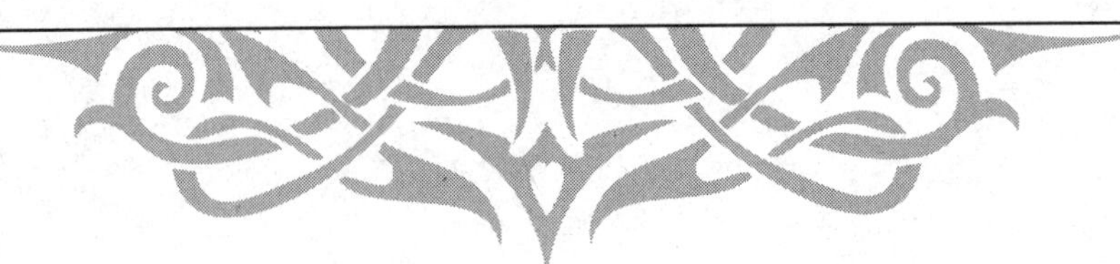

学习目标

- 掌握变量的声明、初始化和引用
- 理解并掌握如何使用数据类型定义变量
- 理解并掌握如何使用控制语句和数组

技能要点

- 数据类型、变量、常量的定义与引用
- 控制语句的使用

实训任务

- 通过控制台环境输出一个菱形，掌握循环嵌套

2.1 变量和数据类型

变量是在程序执行过程中会发生变化的量。在C#语言中，变量必须事先定义，并且在程序范围内变量名称必须唯一，使用变量的名称来引用它所容纳的值。数据类型是指变量将在分配的存储空间中保存为哪一种类型的信息，C#的数据类型与C语言、Java语言的数据类型大部分相同，如果学过C语言和Java语言的读者再学习C#会有非常类似的感觉。

提示 需要注意的是，C#中的变量是区分大小写的，大写字母和小写字母不是同一变量，因为有些语言可能是不区分大小写的，如VB。

2.1.1 使用变量和数据类型

在使用变量之前必须先命名变量，命名变量需遵循一定的规范。下面是命名变量的一些要求和建议。

（1）不要创建只有大小写区别的标识符。

（2）变量开头的字母不要使用下划线，如不要使用这样的变量：_Name、_Sex等。

（3）由字母、数字、下划线和美元符（$）组成的变量，不能包括空格、标点符号和运算符。

（4）变量名最好见名知意，这样可以更好理解。具体的命名规则，不同的公司有不同的习惯，在实际工作中还是以公司要求为主。

（5）变量名不能与C#中的保留字相同。

C#提供了大量的内建类型，图2-1列出了C#中的数据类型。

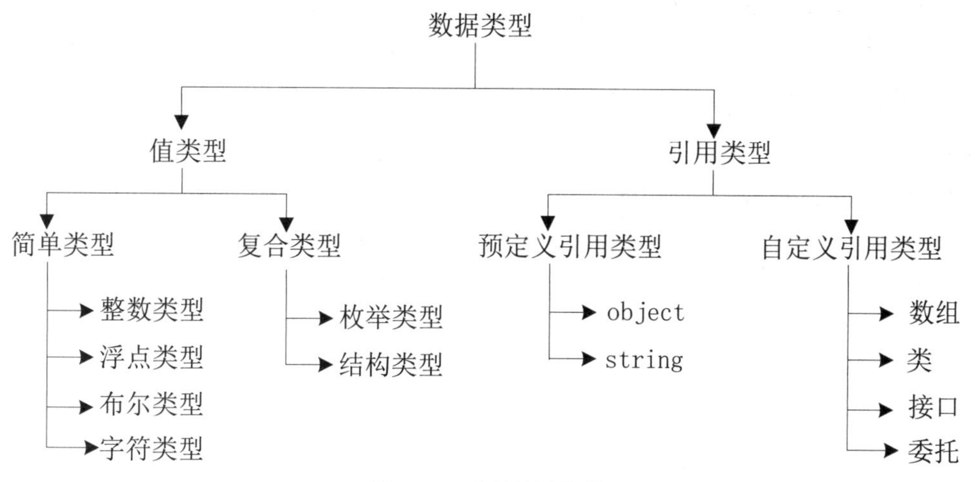

图2-1　C#中的数据类型

1. 值类型

值类型是直接存储值，比如一般使用的整型数据、字符型数据、布尔型数据和浮点型数据都属于值类型，值类型分为简单类型和复合类型，具体如表2-1所示。

表2-1　值类型的分类与说明

类型	说明	范围
Sbyte	8位有符号整数	-128~127
Short	16位有符号整数	-32768~32767
Int	32位有符号整数	-2147483648~2147483647
Long	64位有符号整数	-9223372036854775808~9223372036854775807
Byte	8位无符号整数	0~255
Ushort	16位无符号整数	0~65535
Uint	32位无符号整数	0~4294967295
Ulong	64位无符号整数	0~18446744073709551615
Float	有效数字到6~7位	-3.4*10^38 ~ 3.4*10^38
Double	有效数字到15~16位	-1.7*10^(-308) ~ 1.7*10^(308)
Decimal	有效数字到28位	- 1*10^38-1 ,1*10^38-1

布尔类型主要用来表示true/false值。C#中定义布尔类型时，需要使用bool关键字。例如，下面的代码是定义一个布尔类型的变量。

```
bool x = true;
```

在C#语言中，使用char/Char类定义字符，并且字符只能用单引号括起来。

2. 引用类型

引用类型是存储对值的引用，引用类型的变量又称为对象，C#中的引用类型主要是对象或者说是类和字符串。特别需要注意的是，尽管字符串类型是引用类型，但如果与相等运算符（“==”或“!=”）运算，则表示是比较字符串对象而不是引用的值。.NET中预定义的两种引用类型如表2-2所示。

表2-2 .NET中预定义的引用类型

类型	说明
Object	Object类型在.NET Framework中是Object的别名。在C#的统一类型系统中，所有类型（预定义类型、用户定义类型、引用类型和值类型）都是直接或间接从Object继承的
String	String类型表示零或更多Unicode字符组成的序列

命名一个变量时，它将包含一个随机的值，直到为其指派要给的新值。在C#中不允许编程人员使用未赋值的变量。如果申明了一个变量则必须给它分配一个初始值，一个变量必须赋值后才能使用，否则程序是无法编译的，这就是所谓的明确赋值规则。当把一个值赋值给一个值类型变量时，该值实际上被赋值到变量中去，而把一个值赋值给一个引用类型的时候，仅是引用被复制，实际的值仍然保留在原来的内存位置，但现在有两个对象指向它，也就是说引用了它。

引用变量是通过引用类型声明的变量。引用类型的变量不直接存储所包含的值，而是指向它所要存储的值。C#提供了以下几种引用类型。

1）字符串类型

在C#中有用于操作字符串的基本字符串类型。字符串类型主要用于存储一条语句或多个单词，一般情况下单个字母是字符，而多个字母组成的就称为字符串。

System.String的一个别名，它的使用类似下面的代码。

```
String mystring="这是一个字符串数据";
```

如果用户想要访问某个字符串数据的某个字符，可以使用如下方式。

```
Char ch=mystring[1];
```

字符串的比较可以用“==”比较操作符来实现,代码如下所述。

```
If(mystring==string)
{
//执行的程序
}
```

2）数组

同C、Java、PHP等主流编程语言一样，C#语言中也有数组类型，数组的定义为名称相同但下标不同的一组变量。数组可以存储整数对象、字符串对象或其他任何对象。在C#语言中数组可以分为一维数组和多维数组，实际上我们常用的是一维数组和二维数组，二维以上的数组在一般应用中很少用到。

数组的维数决定了相关数组元素的下标，最常用的数组是一维数组。一个多维数组具有一些特点：维数大于1；每个维的下标始于0；下标最大值是维的长度减1。类似代码如下所述。

```
String [] name={ "张三", "李四", "王五"};//等效于下面这句代码
name[0]= "张三";name[1]= "李四";name[2]= "王五";
```

C#中支持动态数组，也就是其长度不是固定的，代码如下所示。

```
Int a=10;
Int[] x=new int[a];
```

需要注意的是，C#中的数组与Java、PHP这些编程语言一样，数组下标在默认情况下从0开始。

3）类类型

类是面向对象编程的基本单位，它包含成员变量、成员方法、构造函数、析构函数等，具体如下所示。

```
class student
{
    private string name;
    private string sex;
    public student(string sex1)
    {
        this.sex=sex1;
    }
```

```
    Public string Name
    {
        Get
        {
            Return name;
        }
        Set
        {
            name=value;
        }
    }
}
```

上面定义了一个类，该类的名称为student，该类包括的数据成员有姓名、性别。类的函数成员有构造函数student，设置或返回学生姓名的方法是name。

4）接口类型

C#中的接口只有方法名，但这些方法没有执行代码，这就说明不能定义一个接口的变量，只能定义一个派生自该接口的类的对象。与类的类型相比，当定义一个类时，该类可以派生自多个接口，但只能派生自一个类。C#中的类都是单一继承的，如果需要多继承，则必须通过接口实现。定义接口的语法如下所述。

```
Interface  Ipersion
{
     Void ShowpInfo();
}
```

在上面定义的接口只有一个方法，虽然不能从这个定义实例化一个对象，但可以从它派生出一个类。因此，该类必须使用ShowpInfo抽象方法，具体如下所示。

```
Class classp:Ipersion
{
     Public ShowpInfo()
     {
//相关处理
       Console.WriteLine("hello C#!");
     }
}
```

从上面可以看出接口成员与类成员的区别在于接口成员不允许被实现。

5）委托类型

C#中的委托类型和C语言或C++语言中的函数指针非常相似，使用委托类型可以把类内容方法的引用封装起来，然后通过委托来访问这些方法。C#中的委托类型有个特性就是不需要知道被引用的方法属于哪一个类的对象，只要函数的参数个数和返回值与委托类型对象中的一致就可以了。下面通过一个案例来说明这个问题。

首先，需要定义一个委托类型，该类型名为Ynxh，具体如下所述。

```
Delegate string Ynxh();
```

然后，定义一个类student，该类包含要命名为ShowInfo()的方法。这里要注意的是，该方法应与上面声明的Ynxh委托类型具有相同的参数个数和返回值。具体代码如下所述。

```
public class student
{
  public string ShowInfo()
  {
      Return "中国程序网http：//www.csdn.net";
  }
}
```

接着，定义一个测试类Test，在它的入口函数Main中声明一个student类和一个Ynxh委托类型，并将onestudent.ShowInfo用oneYnxh代替，其运行结果和直接调用onestudent.ShowInfo方法的效果是一样的，但是在调用过程中并不知道调用了哪个类的方法。类似代码如下所述。

```
public class Test
{
  public static void Main(string[] args)
  {
      student onestudent=new student();
      Ynxh oneYnxh=new Ynxh(onestudent.ShowInfo);
          //下面使用oneYnxh代替对象onestudent的方法
          System.Console.WriteLine(oneYnxh);
   }
}
```

2.1.2 声明和初始化变量

C#中变量的声明语法如下所述。

```
定义整型变量 int x=23;
定义字符串变量 string a1,a2,a3;
a1= "计算机及应用专业";
a2= "工程造价专业";
a3= "物联网与信息安全专业";
```

从上述语句可以看出，不但可以在一个语句中声明一个变量，而且也可以在一个语句中声明多个变量。这时，在语句开始部分指定的数据类型适用于所有变量，用逗号将变量名称隔开，并在语句末尾加上分号。

在C#中使用数值变量之前，必须为其指定值。也就是说，变量必须首先出现在等号的左边，然后才能用于等号的右边。在声明变量时，用户可以直接对它进行初始化。

注意　如果引用一个变量而没有为它指定初始值，那么编译时将会生成错误。

2.1.3 数据类型的转换

在实际编程中可能经常需要进行数据类型转换，因为不同的数据类型是不能相互运算的，这点C#语言与C语言有比较明显的区别。比如，等号左边是字符数据，而等号右边是整数，这是非常明显的数据类型不匹配。如果运行系统报错，就需要进行数据类型的转换，让等号左边变量的数据类型和等号右边的数据类型一致，这样才能运算。不同的数据类型可以进行转换，比如整型和浮点型数据、数值型数据和字符型数据、字符型数据和日期时间型数据之间都能转换。

1. 将字符串转换为数值数据类型

在C#中可以使用Parse方法将控件的Text属性转换为数值形式，然后在计算中使用这个值。每一种数据类型都有自己的Parse方法，如int.Parse()、decimal.Parse()和double.Parse()等。用户可以将想要转换的文本串作为Parse方法的一个参数进行传递。

具体使用方式如下所述。

```
//改变数据类型
Decimal dprice=decimal.Parse(TextBox1.Text);
Int x=int.Parse(TextBox2.Text);
Decimal a=dprice*x;
```

这里，用Parse方法检查存储在参数中的值，并尝试在一个名为“解析”的过程中将其转换为一个数字。这意味着需要对字符逐个进行拆分，然后转换为另外一种格式。当Parse方法遇到一个不能转换为数字的值时，会发生错误。

2. 数值数据类型之间的转换

在C#中可以将数据从一种数值数据类型转换成另一种数值数据类型。有些转换可以隐式执行，而另外一些转换则是必须明确执行。一些数据类型如果在转换过程中丢失，则不能转换。

1）隐形转换

如果将一个值从范围较小的数据类型转换为较大的数据类型，这种转换对于该值没有丢失任何精度的风险，那么可以使用隐形转换来执行这种转换。

提示 从decimal数据类型转换为其他数据类型不存在隐形转换，不能通过float隐形转换为decimal。

2）强制转换

如果用户想在不能进行隐形转换的数据类型之间进行转换，就必须使用“强制转换”，也就是指明要转换的类型。这里需要注意的是，如果某一次执行强制转换导致丢失有效数字，那么这会生成一个异常。强制转换是在要转换的数据前面的圆括号中指定目标数据的类型。类似代码如下所述。

```
Int x=(int)dbx;//把一个双精度浮点型数据转换成整型
Float y=(float)dbx;//把一个双精度浮点型数据转换成单精度浮点型
```

强制转换用在知道要转换的值合适（不会丢失有效数字）时，才能执行从一个较大的数据类型到较小的数据类型的转换。小数值将会舍入以适应整型数据类型，转换为decimal的float或double值将会舍入，以便适应28位。此外，System命名空间的Convert类提供了强制类型转换的方法，具体可以参照微软官方帮助。

2.2 运算符与表达式

运算符指明了进行运算的类型，例如，加号“+”用于加法，减号“－”用于减法，星号“*”用于乘法，正斜杠“/”用于除法等。将运算符、常量、变量、函数连接起来便构成了表达式。C#语言中的运算符和表达式与Java语言中的运算符和表达式基本相同，学过Java的读者会发现两者非常相似，所以开发人员能很快地从Java语言的开发转移到C#语言的开发中来。

2.2.1 运算符

C#提供了算术运算符、逻辑运算符、递增运算符以及其他一些运算符。开发人员可以指定运算符在特定数据类型上的行为，如表2-3所示。

表2-3 C#中的运算符

含义	运算符	数目	结合性
单目	++、--、!	单目	←
算术	+、-、*、/、%	双目	→
移位	<<、>>	双目	→
关系	>、>=、<、<=、==、!=	双目	→
逻辑	&&、||、!	双目	→
条件	?:	三目	←
赋值	=、+=、-=、*=、/=、%=	双目	←

2.2.2 表达式

表达式是语法正确的编程语句。表达式涉及的内容通常包括赋值计算以及真假判断等。通常情况下，一个表达式包含多个运算符时，就必须给出表达式中运算符的运算顺序。例如求表达式a+b*c的值，应该是先算b*c，然后再进行相加运算。

当在一个表达式中出现两个具有相同优先级的运算符时，运算符应按照出现表达式中的顺序由左至右执行。除了赋值运算符和条件运算符外，其他所有的二元运算符都是左结合的，也就是说在表达式中按照从左向右的顺序执行，例如，a＋b－c按(a＋b)－c进行求值。赋值运算符合条件运算符(?:)，则按照右结合的原则，即在表达式中按照从右到左的顺序执行，如a＝b＝c按照a＝(b＝c)进行求值。

2.3 控制语句

C#中常用的语句包括：分支语句（if…else 和switch语句）、循环语句（for、foreach、while和do…while语句）和跳转语句（goto、continue和break语句）。一个C#程序通过这些语句的组合实现特定的功能，本节将对这些内容进行介绍。

2.3.1 分支语句

当程序需要进行两个或两个以上的选择时，可以根据条件来判断，选择将要执行的一组语句。在现实生活中需要进行判断和选择的情况很多。比如：从昆明出发上高速公路，到了一岔路口，有两个出口，一个是去杭州方向，一个是去瑞丽方向，驾车者到此处必须进行判断，根据自己的目的地，从二者中选择一条路径。在日常生活或工作中，类似这样需要判断的情况是司空见惯。

如果是星期六、星期日，则休息，否则需要上班（需要判断是不是周末）。

如果闰年，则二月份有29天，否则只有28天（需要判断是否是闰年）。

如果你年龄在18岁以上则有选举权和被选举权（需要判断是否满18岁）。

60岁以上老年人，入公园免费（需要判断是否满60岁）。

C#提供的选择语句有两种：if语句和switch语句。

1. if语句

if语句是最常用的分支语句，它根据布尔表达式的值判断是否执行后面的内嵌语句。默认情况下，if语句控制着下方紧随的一条语句的执行，通过语句块，if语句可以控制多个语句，if语句格式如下所述。

```
if(逻辑条件==true)
{
     语句块1;
}
else
{
     语句块2;
}
```

在上述格式中，当条件为真时，程序执行语句块1，如果条件为假则执行语句块2。

如果程序的逻辑判断关系比较复杂，通常会用条件判断嵌套语句，if语句可以嵌套使用，即在判断之中再判断，具体格式如下所述。

```
if(布尔表达式)
{
  if(布尔表达式1)
    {
      语句块1;
    }
  else
    {
      语句块2;
    }
}
```

```
else
{
    if(布尔表达式2)
    {
    语句3;
    }
}
```

案例1

输入任意三个整数，计算并输出最大值。

分析：比较三个数中的最大值，可以先比较两个数的最大值，然后用两个数的最大值与第三个数比，如果比第三个数小，则最大值就是第三个数，否则就是它本身，具体代码如下所述。

```
using System;
using System.Collections.Generic;
using System.Linq;
using System.Text;
namespace ConsoleApplication1
{
    class Program
    {
      static void Main(string[] args)
      {  int a,b,c,max;
           Console.WriteLine("请输入三个整数:");
           a= int.Parse(Console.ReadLine());
           b= int.Parse(Console.ReadLine());
           c= int.Parse(Console.ReadLine());
           if(a>=b)
              max=a;
           else
               max=b;
           if(max<=c)
               max=c;
           Console.WriteLine("最大值是:{0}",max);
        }
      }
    }
```

运行结果如图2-2所示。

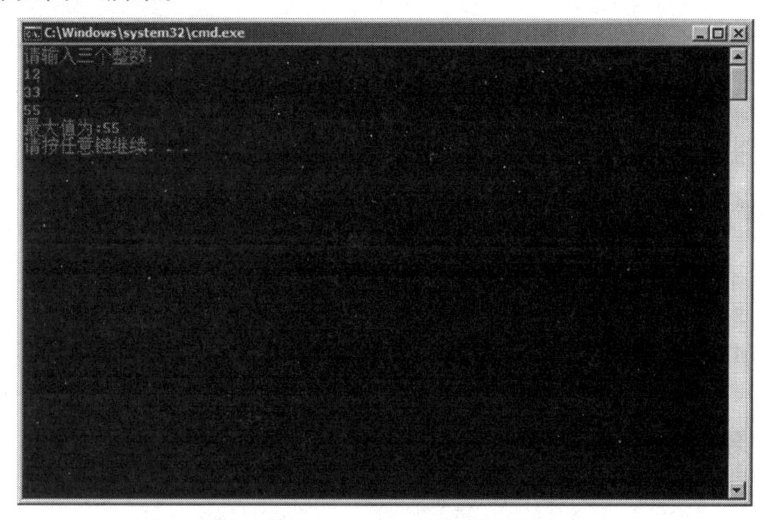

图2-2　比较数值

案例2

从键盘上输入一个不大于5位的正整数，计算其是几位数。

分析：题目要求不大于5位，所以最大值是99999，从这里可以知道，在10000~99999之间是5位数，1000~9999之间是4位数，100~999之间是三位数，10～99之间是两位数，0~9之间是一位数，具体代码如下所述。

```
using System;
using System.Collections.Generic;
using System.Linq;
using System.Text;
namespace ConsoleApplication2
{
    class Program
    {
        static void Main(string[] args)
        {
            int a, b;
             Console.WriteLine("请输入不大于五位的正整数: ");
             a=int.Parse(Console.ReadLine());
             if (a>9999)
               b=5;
             else if (a>999)
               b=4;
             else if (a>99)
```

```
                b=3;
              else if(a>9)
                b=2;
               else
                 b=1;
              Console.WriteLine("计算结果为:{0}", b);
          }
      }
  }
```

运行结果如图2-3所示。

图 2-3　不大于5位正整数是几位数的运行结果

2. switch语句

1）switch语句的一般形式

```
switch(表达式)
{
        case    常量表达式1：语句1;break;
        case    常量表达式2：语句2;break;
          ......
        case    常量表达式n：语句n;break;
         [default：语句n+1;break;]
}
```

2）执行过程

（1）当switch后面的“表达式”的值与某个case后面的“常量表达式”的值相同时，就执行该case后面的语句；当执行到break语句时，则当前语句执行结束。

（2）如果case后面的任何一个“常量表达式”的值与“表达式”的值都不匹配，则执行default后面的语句n+1，然后执行switch语句的下一条。具体流程如图2-4所示。

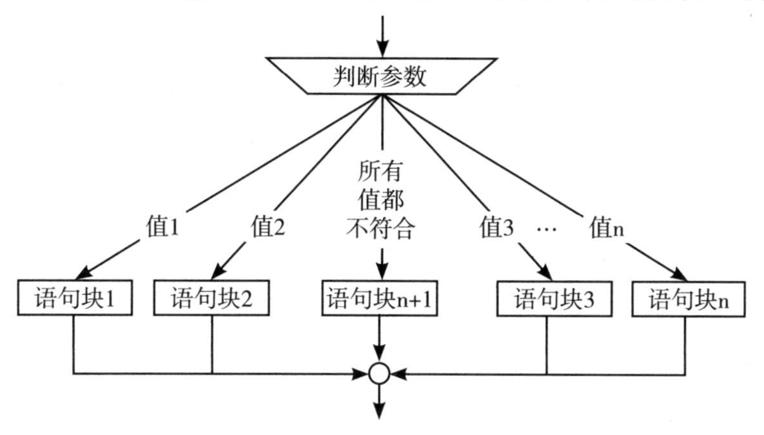

图2-4　switch语句执行流程图

3）说明

（1）switch后面的“表达式”可以是int、char和枚举型中的一种。

（2）每个case后面“常量表达式”的值必须是常量，不能是变量，也不能是表达式。

（3）case后面的常量表达式仅起语句标号的作用，不进行条件判断。系统一旦找到入口标号，就从此标号开始执行，不再进行标号判断，所以必须加上break语句，以便结束switch语句。

（4）各case及default子句的先后次序，不影响程序执行的结果。

（5）多个case子句，可共用同一语句。

（6）用switch语句实现的多分支结构程序，可以用if语句或if语句的嵌套来实现，具体选择哪种语句，由编程人员的个人习惯来选择。

案例3

已知某公司员工的保底薪水为500，某月所接工程的利润p与利润提成的关系如下所示。（计量单位：元）

$p \leqslant 1000$	没有提成
$1000 < p \leqslant 2000$	提成10%
$2000 < p \leqslant 5000$	提成15%
$5000 < p \leqslant 10000$	提成20%
$10000 < p$	提成25%

计算出员工的收入。

分析：为使用switch语句，必须将利润p与提成的关系转换成某些整数与提成的关系。分析本题可知，提成的变化点都是1000的整数倍（1000、2000、5000、……），如果将利润p整除1000，则为：

$p \leqslant 1000$	对应0、1
$1000 < p \leqslant 2000$	对应1、2
$2000 < p \leqslant 5000$	对应2、3、4、5

5000＜p≤10000　　　　　　对应5、6、7、8、9、10

10000＜p　　　　　　　　对应10、11、12、……

为解决相邻两个区间的重叠问题，最简单的方法就是利润先减1，然后再整除1000即为：

p≤1000　　　　　　　　对应0

1000＜p≤2000　　　　　对应1

2000＜p≤5000　　　　　对应2、3、4

5000＜p≤10000　　　　对应5、6、7、8、9

10000＜p　　　　　　　对应10、11、12、……

具体代码如下所述。

```
using System;
using System.Collections.Generic;
using System.Linq;
using System.Text;
namespace ConsoleApplication1
{
    class Program
    {
        static void Main(string[] args)
        {
            int a, b;
            double c;
            Console.WriteLine("输入你的业绩");
            a=int.Parse(Console.ReadLine());
            b=(a-1)/1000;
            switch (b)
            {
                case 0: c = 500 + a * 0;  break;
                case 1: c = 500 + a *0.1;  break;
                case 2:
                case 3:
                case 4:c = 500 + a *0.15;  break;
                case 5:
                case 6:
                case 7:
                case 8:
                case 9:c = 500 + a *0.2;  break;
                default:c = 500 + a*0.25;  break;
```

```
            }
            Console.WriteLine("亲你这个月的工资是:{0}",c) ;
        }
    }
}
```

运行结果如图2-5所示。

图2-5　计算利润与提成的关系

2.3.2　循环语句

1. 循环语句综述

顾名思义，循环语句就是重复执行，如果没有遇到退出条件就一直执行下去，所以在循环语句中需要有一种跳出循环的机制。比如一个案例，要求计算1+2+3+4+5+…+100的和。这个案例需要重复执行一百次，当循环执行到101次时，需要结束，因为案例只需要计算到100，当循环变量变为101的时候，循环条件不满足了，循环就必须结束。

C#语言提供了3种循环语句。为简化和规范循环结构程序设计，goto语句在实际程序开发过程中使用得非常少，因为goto语句的跳转，对结构化程序设计有很大的影响。

在C#语言中，可用以下语句实现循环。

（1）for语句。

（2）do-while语句。

（3）while语句。

（4）foreach语句。

（5）goto语句和if语句构成循环。

2. for循环

在这几条循环语句中，for语句最为灵活，不仅可用于循环次数已经确定的情况，也可用于循环次数虽不确定，但给出了循环继续条件的情况。

1）for语句的一般格式

```
for(变量赋初值; 循环继续条件; 循环变量增值)
 { 循环体语句; }
```

2）for语句的执行过程

（1）执行“变量赋初值”表达式。

（2）判断“循环继续条件”表达式。如果表达式的值为真，执行（3），否则，转至（4）。

（3）执行循环体语句，并求解“循环变量增值”表达式，然后转向（2）。

（4）执行for语句的下一条语句。

3）说明

（1）“变量赋初值”“循环继续条件”和“循环变量增值”部分均可缺省，甚至全部缺省，但其间的分号不能省略。

（2）“循环变量赋初值”表达式，既可以是给循环变量赋初值的赋值表达式，也可以是与此无关的其他表达式。

例如，`for(sum=0;i<=100;i++) sum += i;`

`for(sum=0,i=1;i<=100;i++) sum += i;`

（3）“循环继续条件”部分是一个逻辑量，除一般的逻辑表达式外，也允许是数值或字符表达式。

案例4

计算1!+2!+3!+4!+5!。

分析：!表示阶乘，如4!=4*3*2*1，本题既要计算乘积又要求和，具体代码如下所述。

```
using System;
using System.Collections.Generic;
using System.Linq;
using System.Text;
namespace ConsoleApplication1
{
    class Program
   {
       static void Main(string[] args)
      {
          int s,t;
          s=0;  t=1;
          for(int i=1;  i<=5;  i++)
```

```
            {
                t=t*i;
                s=s+t;
            }
            Console.WriteLine("计算结果为:{0}",s);
        }
    }
}
```

运行结果如图2-6所示。

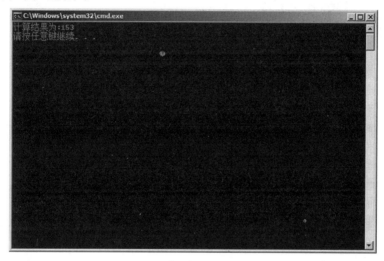

图2-6　运行结果

3. while语句

1）一般格式

```
while(循环逻辑条件)
{
  循环体语句;
}
```

2）执行过程

（1）求解“循环逻辑条件”表达式。如果表达式的值为真则跳转到（2），否则跳转到（3）。

（2）执行循环体语句组，然后跳转到（1）。

（3）执行while语句的下一条。

显然，while循环是for循环的一种简化形式。

案例5

计算并输出所有的水仙花数。

分析：水仙花数是一个三位数，它必须满足百位的立方、十位的立方、个位的立方之和与这个数相等。例如153=1*1*1+5*5*5+3*3*3，本题的关键在于求出任意一个三位数的百位、十位和个位。计算的方法很多，本题通过字符串的方式来获取，如任意一个三位数，从左边截取第一位为百位，从第二位开始截取，长度为1是十位，从第三位开始截取，长度为1是个位。具体代码如下所述。

```
using System;
using System.Collections.Generic;
using System.Linq;
using System.Text;
namespace ConsoleApplication1
{
    class Program
   {
      static void Main(string[] args)
      {
          int i, a, b, c;
          string s;
          i = 100;
          while (i<=999)
         {
             s =i.ToString();
             a=Convert.ToInt32(s.Substring(0,1));
             b=Convert.ToInt32(s.Substring(1,1));
             c=Convert.ToInt32(s.Substring(2,1));
             if (i==a * a * a + b * b * b + c * c * c)
                 Console.WriteLine("水仙花数为:{0}\n",i);
              ++i;
          }
      }
   }
 }
```

运行结果如图2-7所示。

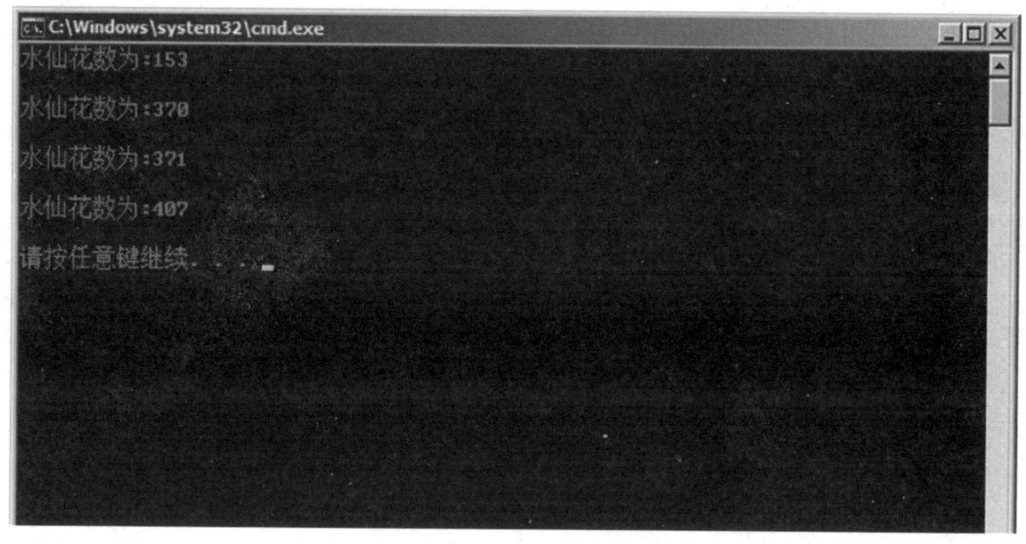

图2-7 水仙花数的运行结果

4. 循环嵌套

循环语句的循环体，又包含另一个完整的循环结构，称为循环的嵌套。循环嵌套的概念对所有高级语言都是一样的。

for语句和while语句允许嵌套，do-while语句也不例外。

5. break语句与continue语句

为了使循环控制更加灵活，C#语言提供了break语句和continue语句。

1）一般格式

```
break;
continue;
```

2）功能

（1）break：强行结束循环，循环到此结束，执行循环后的下一条语句。

（2）continue：结束当前这次循环，但整个循环没有结束，会根据循环条件判断后继续下一次循环。

3）说明

（1）break能用于循环语句和switch语句中，continue只能用于循环语句中。

（2）循环嵌套时，break和continue只影响包含它们的最内层循环，与外层循环无关。

6. foreach循环

案例6

计算任意一个字符串中的数字、字母、标点符号和其他符号的个数。

分析：该案例可以通过系统提供的函数来分别判断某个字符是不是数字、字母、标点符号或其他符号，如果是，则变量相应加1。具体代码如下所述。

```
using System;
using System.Collections.Generic;
using System.Linq;
using System.Text;
namespace ConsoleApplication1
{
    class Program
    {
        static void Main(string[] args)
        {
            string input;
            int a=0,b=0,c=0,d=0;
            Console.WriteLine("请输入一个字符串:\n");
            input=Console.ReadLine();
            foreach(char ch in input)    //"3we5,"
            {
                if(char.IsDigit(ch))
                  a++;
                else  if(char.IsLetter(ch))
                      b++;
                else  if(char.IsPunctuation(ch) )
                      c++;
                else
                      d++;
             }
             Console.WriteLine("字母有{0}\n数字有{1}\n符号有{2}\
n其他有{3}\n",b,a,c,d);
        }
    }
}
```

运行结果如图2-8所示。

```
C:\Windows\system32\cmd.exe
请输入一个字符串:
w3,8a/k90b
字母有4
数字有4
符号有2
其他有0

请按任意键继续. . .
```

图2-8　运行结果

本章总结

本章首先讲述了C#的基础知识，如常量、变量的定义和使用，操作符和表达式的应用等；其次讲解了C#中的常用语句、分支语句、循环语句，如for循环、while循环、foreach循环以及continue和break语句的区别。

练习与实践

【问答题】

1．什么是表达式，C#中的逻辑表达式由哪些组成？

2．程序有哪几种结构，分别有什么特点？

3．C#中的循环语句有哪几种？while循环和do…while循环有什么区别？

【实训任务】

C#中各种语句的综合运用	
项目背景介绍	在C#的控制台环境中熟悉各个语句，并能综合运用。
设计任务概述	通过循环语句输出一个菱形，如下所示。 * *** ***** ******* ***** ** *
实训记录	
教师考评	评语： 辅导教师签字：

第3章 面向对象编程

本章导读

面向对象编程是计算机程序设计中的一种新方法，它解决了传统编程技巧带来的问题。它的主要目标之一就是创建可以让不同的开发者反复使用的模块。这些模块的设计要易于修改、更新和扩展，并通过共享和可重用的特性减少了开发和维护的成本。

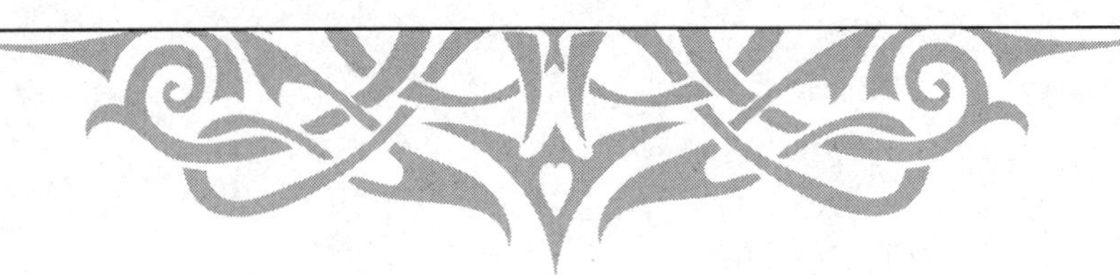

学习目标

- 理解面向对象的内容
- 掌握并理解类的结构
- 掌握并理解如何创建对象和类
- 掌握如何实现继承
- 理解抽象类和接口
- 理解多态和封装

技能要点

- 掌握继承、多态和封装
- 掌握成员变量和函数静态方法

实训任务

- 重载的实现
- 继承的实现

3.1 面向对象概述

1. 类和对象概述

类是具有相同属性和行为的对象的集合。从本质上讲，面向对象程序设计中类的概念和人们现实生活中类的概念是相同的。

以学生为例，世界上没有两名完全相同的学生，但是有很多学生或多或少都有一个共性。比如，两名学生在相同的学校和班级，由此可知，在一个类中每个对象都是类的实例，可以使用类中提供的方法。从类中产生对象，必须要建立实例的操作，C#中的new操作符可建立一个类的实例。

在C#中，类分为两种：一种是系统类，这些类由系统提供，程序员根据实际需要进行调用；另一种类是由程序员自己编写和定义。

在类的定义中，包含各种类成员，一般称为成员变量和成员方法。编写类实际上就是编写成员变量和成员方法，用来实现某一种或几种功能。概括起来，类的成员有两种，即存储数据的成员与操作数据的成员。存储数据的成员叫“字段”，操作数据的成员有很多种，主要是“属性”“方法”和“构造函数”。

综上所述，类是具有相同或相似结构、操作和约束规则的对象组成的集合，而对象是某一类的具体化实例。每一个类都是具有某些共同特征对象的抽象，通俗地说就是对象是一类看得见、摸得着的有血有肉的类。

2. 消息

对象之间进行联系，以及对象处理一定的工作都要通过传递消息来实现。消息用来请求对象执行某一处理或回答某些信息的要求。程序的运行，尤其是要完成更加高级的功能和复杂的行为时，往往需要几个对象协同工作。因此，这就需要对象之间存在一种通信机制，这种通信机制就是消息机制。

还是以学生为例，当老师在课堂上提问时，被叫到的学生要回答老师提出的相应问题。这里，老师提问就等于给学生发送了一条消息，学生光回答还不行，还得答案要符合问题，也就是要针对参数进行处理，因此，消息包含以下几个方面的内容。

（1）消息的接收者（比如学生）。

（2）接收对象应采用的方法（比如回答问题）。

（3）方法所需要的参数（比如提出的问题）。

3.2 类的结构

类是面向对象程序设计的基本构成模块。类是对象的定义，它们提供了程序中将要声明和举例说明对象的数据和行为的信息。

3.2.1 定义类

在C#中要使用一个class关键字、一个名称以及一对大括号来定义一个新类。在几乎所有的面向对象编程语言（比如Java、PHP语言）中，类的定义基本一致，类的数据和方法位于类的主体中。其基本结构如下所示。

```
class Myclass
{
    //类的主体
}
```

这段代码定义了一个类Myclass，定义一个类后，就可以在项目中其他地方访问该定义的类，对该类进行实例化。默认情况下，类申明是内部的，即只有当前项目中的代码才可以访问它。用户可以通过internal访问修饰符关键字来显式指定。类似结构如下所示。

```
internal class Myclass
```

```
{
        //类的主体
}
```

用户还可以指定类是公共的，公共类可以由其他项目中的代码来访问。为此，要使用关键字public。另外，除了这两个访问修饰符关键字外，还可以指定类是抽象类或密封类，具体如表3-1所示。

表3-1　C#中类的访问修饰符

类的修饰符	说明
public	公共类。如果某个类被申明为public，则说明对它的访问是不受限制的
protected	保护类。表示只能从当前类和它的子类进行访问，外部类不能访问
internal	内部类。只有其所在类或程序集才能访问，外部类不能访问
private	私有类。只有本身可以访问，外部类不能访问
abstract	抽象类。表示该类是一个不完整的类，不允许建立类的实例
sealed	密封类。不允许从该类派生新的类

用户可以使用两个互斥的关键字abstract或sealed，所以抽象类或密封类必须用下述方式声明。

```
public abstract或sealed Myclass
{
        //类的主体，必须是abstract
}
```

提示

使用public访问修饰符声明的类不能是私有或受保护的，用户可以把声明类的访问修饰符用于声明类成员。

下面来看一个名为Area的C#类，其中包含一个方法，用两个变量（长方形的长和宽）计算长方形面积，具体代码如下所述。

```
class Area
{
        double CalcArea()
        {
```

```
                double x,y;
                double result=x*y;
                return  result;
            }
    }
```

类的主体包含普通的方法（CalcArea）和字段（x,y）。因为在C#中，通常称类中的变量为字段。Area类的用法类似于前面介绍的其他类型。综上所述，定义类如下所述。

```
class person    // 类名person
{
   // 声明字段
    private string name; //定义姓名
    private int  age; //定义年龄
    private  string jg; //定义籍贯
    // 声明属性
    public string Name
    {
        get { return name; }
        set { name = value; }
    }
    public int  Age
    {
        get { return age; }
        set { age = value;}
     }
    public string Jg
    {
        get { return jg; }
        set { jg= value; }
     }
}
```

3.2.2 定义成员方法

在C#中完成某一功能的程序模块称为方法，可以说C#程序由方法和类组合而成。方法通过一个方法调用语句来使用，这个方法调用描述了该方法名，并且提供调用该方法执行具体任务所需要的参数。当方法调用完成后，该方法要么返回一个值给调用它的方法，要么只是简单地向调用它的方法返回控制。方法使得程序开发者可以模块化程序，用方法模块化程序有以下2个优点。

（1）可以实现软件的重用，使用已有的方法和类作为构件来创建程序。

（2）避免了程序中重复编写的问题，以方法的形式封装起来的代码可以出现在程序中的任何位置。

采取的方法是类中用于执行计算或其他行为的成员，所以通常称为成员方法。它的具体定义格式如下所述。

```
属性   方法修饰符   返回值类型 方法名(参数列表)
{
    //方法体;
}
```

上面的第一行通常被称为方法头，大括号括起来的部分被称为方法体。返回值类型是方法返回给调用者结果的数据类型，方法只可以返回一个值。当有返回值时，必须使用return语句返回与返回值类型一样的数据；当不想返回任何值时，可以使用void返回值类型。参数列表是一个用逗号分隔的列表，定义了每个参数的类型和名称。下面通过一个实例来演示一下成员方法是如何定义和使用的，具体代码如下所述。

```
class employee
{
   private string name;
   private int age;
   private int salary;
  public void GetInfo()
  {
    Console.WriteLine("请输入员工的姓名和年龄：");
    name=Console.ReadLine();
    age=Convert.ToInt32(Console.ReadLine());
  }
  pubilc void DispInfo()
  {
     Console.WriteLine("{0}的年龄是{1}",name,age);
  }
  static void Main(string[] args)
  {
    employee emp=new employee();
    emp.GetInfo();
```

```
        emp.DispInfo();
    }
}
```

在上述代码中定义了成员方法DispInfo()和GetInfo()，DispInfo()方法用于显示成员信息，GetInfo()方法用于得到成员信息。在 Main方法中，通过实例化的方式显示相关信息。

3.2.3 方法的返回值

通过方法进行数据交换的最简单方式是利用返回值。用返回值的方法返回计算的值与表达式中使用变量计算的值完全相同。与变量一样，返回值也有数据类型。当返回一个值时，可以使用两种方式修改方法。

(1) 在方法定义中指定返回值的类型，但不是用关键字void。

(2) 使用return关键字结束方法的执行，把返回值传递给调用的代码。

返回值方法的定义格式如下所述。

```
方法修饰符 返回值类型 方法名（参数列表）
{
    //方法的主体
    Return 返回值
}
```

这里唯一的限制是return必须返回具体的值，其值类型可以是方法定义中的返回值类型，也可以隐式转换为该类型。具体代码如下所述。

```
public int GetSign(int x)
{
    int y=0;
    if(x>=0)
    {
        if(x>0)
         y=1;
        else
         y=0;
    }
    else
    {
```

```
            y=-1;
        }
    return y;
}
```

上述方法中，若x是正数，则返回1；若x是0，则返回0；若x是负数，则返回－1。

提示　如果将return用在通过void关键字定义的方法中，方法就会立即终止。以这种方式使用return语句时，return关键字和其后的分号之间提供的返回值是错误的。

3.2.4 成员方法的重载

C#语言中可以在一个类中具有相同的几个方法（成员方法），只要这些方法有不同的参数就可以，这称为方法的重载。当程序中的一个重载方法被调用的时候，编译器会通过检查调用者使用的参数数量、类型和顺序来决定使用哪种方法。方法重载通常有两种，即参数个数不一样或参数的数据类型不一致。

下面案例基于不同数量参数的方法重载，具体代码如下所述。

```
using System;
using System.Collections.Generic;
using System.Linq;
using System.Text;
namespace ConsoleApplication
{
  class overloadparameters
  {
        int GreaeTest(int num1,int num2)
        {
               Console.WriteLine("{0}和{1}中比较大的值是：
",num1,num2);
               If(num1>num2)
                  {return num1;}
               else
                  {return num2;}
        }
 int GreaeTest(int num1,int num2,int num3)
 {Console.WriteLine("{0},{1}和{2}的最大值是：",num1,num2,num3);
```

```
    if(num1>num2 && num1>num3){return num1; }
    else if(num2>num1 && num2>num3)
    {return num2;}
    else{return num3;}
    }
    static void Main(string[] args)
    {
        overloadparameters obj=new overloadparameters();
        Console.WriteLine (obj.GreaeTest(23,36));
        Console.WriteLine (obj.GreaeTest(23,36,54));
      }
     }
    }
```

在上述代码中，定义了一个类overloadparameters，该类中有两个方法，第一个方法有两个参数，第二个方法有三个参数，这样方法名称相同，参数个数不一样，实现了方法的重载。通过方法重载可以使用户输入不同的参数个数，计算出最终的结果。该案例的执行结果如图3-1所示。

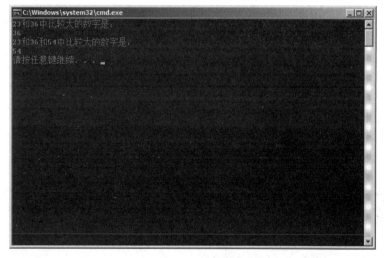

图3-1 运行结果

从上面的案例可以看出，方法被重载以后调用非常方便。这里再强调一下，进行方法重载至少需要满足下面的一个条件。

（1）参数类型不同。

（2）参数个数不同。

（3）参数的顺序不同。

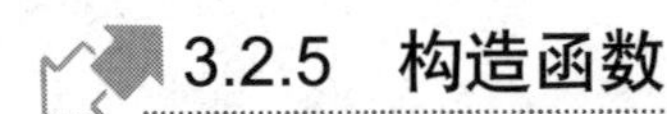

3.2.5 构造函数

构造函数是一种特殊的方法成员。构造函数的主要作用是在创建对象（声明对象）时初始化对象，通俗地说就是给定义好的变量分配初始值。一个类定义必须且至少有一个构造函数，如果定义类时没有声明构造函数，系统会提供一个默认的构造函数；如果声明了构造函数，系统将不再提供默认构造函数。

声明构造函数与声明普通方法相比，有两个特殊要求。一是构造函数不允许有返回类型，包括void类型；二是构造函数的名称必须与类名相同。所以构造函数往往需要使用形式参数，例如创建一个person类对象时，需要给出人的姓名、年龄和籍贯，所以person类构造函数可以将声明按如下所述。

```
public person(string n, int  a, string j)
{
    name =n;
    age = a;
    jg = j;
}
```

由于声明了上述带参数的构造函数，所以系统不再提供默认构造函数，这样在创建对象时，必须按照声明的构造函数的参数要求给出实际参数，否则将产生编译错误。例如：

```
person  p = new person("朱琳", 30, "昆明");
```

由上述创建对象的语句可知，new关键字后面实际是对构造函数的调用。

下面的案例为带有参数的构造函数，具体代码如下所述。

```
using System;
using System.Collections.Generic;
using System.Linq;
using System.Text;
namespace ConsoleApplication8
{
    class employee
    {
        private int sno1;
        private string sname1;
        private int salary1;
        private employee(string name, int sno, int salary)
        {
```

```
                sname1 = name;
                sno1 = sno;
                salary1 = salary;
            }
            static void Main(String[] args)
            {
                employee objmpe = new employee("刘冰", 15, 2000);
                    Console.WriteLine("带有参数的构造函数的输出:" +
objmpe.sno1);
            }
        }
    }
```

程序首先定义了一个名为employee的类，该类有三个成员变量，定义了一个构造函数，函数中有三个参数。在构造函数中通过参数对类的成员变量进行了初始值的分配，同时在Main()方法中完成实例化并输出结果，具体运行结果如图3-2所示。

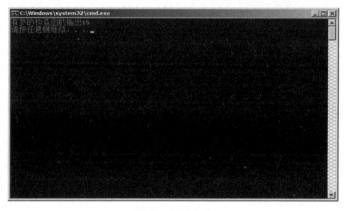

图3-2　运行结果

3.2.6　析构函数

使用析构函数可以执行对象被垃圾回收时需要执行的任何整理工作。析构函数的格式是先写一个“~”符号，然后跟上类名即可。例如，下面是一个用于统计的类，它在构造函数中使用一个静态计数递增，并在析构函数中使其递减。具体代码如下所述。

```
    Class js
    {
        Private static int number=0;
        Public js()
        {
```

```
        This.number++;
    }
    ~js()
    {
        This.number--;
    }
    Public static int numberjs()
    {
        Return this.number;
    }
}
```

用户在使用析构函数时应该注意以下几点。

（1）不能在一个struct中声明一个析构函数。struct是值类型，它驻留在堆栈上，而不是堆上，所以不适合垃圾回收。

（2）不能为析构函数声明一个访问修饰符，这是因为析构函数不能人为调用，只能由垃圾回收器来调用。

（3）不能声明带参数的析构函数，而且它不接受任何参数。

（4）编译器自动将一个析构函数转换成object.Finalize方法的一个覆盖。

3.2.7 类的成员变量

前面曾提到的类成员变量在C#中被称为字段。类成员变量与普通变量一样，不同的是它在类的内部进行定义。本节将介绍有关类成员变量的修饰符、static静态成员及final关键字等内容。

1. 访问修饰符

为了提供封装，一个类型或者类型成员可以在声明中增加5种访问修饰符之一，以决定当前类成员变量相对于其他类型或其他类成员的隐藏性。类的成员变量访问修饰符如表3-2所示。

表3-2 类的成员变量访问修饰符

类的修饰符	说明
Public	公共类。同一命名空间或不同命名空间的任何类的代码都可以访问
Protected	保护类。只有同一类或结构或者子类中的代码可以访问该类型或成员
Internal	内部类。Internal指的是同一个程序集，内部成员和类型才是可以访问的。内部访问通常基于组件的开发，因为它使一组组件能够以私有方式进行合作，而不必向应用程序代码的其余部分公开
Private	私有类。只有同一类或结构中的代码可以访问该类型或成员
public sealed	密封类。可以在任何地方访问，不能派生，只能实例化

2. static静态成员

静态字段是类中所有对象共享的成员，而不是某个对象的成员。也就是说，静态字段的存储空间不是放在每个对象中，而是和方法一样放在类公共区中。

静态字段的使用方法如下所述。

（1）静态字段的定义与一般字段相似，但前面要加上static关键字。

（2）访问静态字段时可以直接访问，不需要实例化类，即类名.静态字段名。

静态方法与静态字段类似，也是从属于类，都是类的静态成员。只要类存在，静态方法就可以使用，静态方法的定义是在一般方法定义前加上static关键字。调用静态方法的格式如下所述。

```
类名.静态方法名(参数表);
```

静态方法不对特定实例进行操作，在静态方法中引用this会导致编译错误。调用静态方法时，使用类名直接调用。

```
    public static int Add(int x, int y)
    {
        return x + y;
    }
    static void Main(string[] args)
    {
            Console.WriteLine("{0}+{1}={2}", 23, 34, Program.
Add(23, 34));
            Console.ReadLine();
    }
```

3. sealed 关键字

sealed（密封）类是不能从中派生的类。要防止从其他一个类继承，就可以使用sealed关键字。把一个类变成sealed后可以避免与虚拟方法相关联的系统资源消耗，并且编译器可以完成某种程度的优化，而对一般类是不能执行这些优化的。

把类变成sealed类的另外一个原因是出于安全性考虑。因为继承是对潜在的基类内部的某种程序的保护性访问。类变成sealed类之后就完全避免了由派生类引起崩溃的可能性。如下案例就是使用了sealed关键字的代码。

```
public  sealed class sealedD
{
  string rdate;
  int     age;
  double  salary;
```

```
    public sealedD()
    {
      //构造函数的主体;
    }
  }
  public class studentD:sealedD  //出错，密封类不能继承
  {
  //…
  }
  public class course
  {
      sealedD mys=new sealedD(); //正确，密封类可以实例化
  }
```

上述案例在编译时将产生一个错误。因为sealed是密封类，不能被继承，但可以进行实例化。

4. this关键字

C#语言中可以使用this关键字来代表本类对象的引用，this关键字被隐式地用于引用对象的成员变量和方法。代码格式如下所述。

```
private void setName(String name)
 {
    this.name=name;
 }
```

3.3 继承

C#是一种面向对象的现代编程语言，它同样具有支持面向对象编程的许多新机制，继承便是其中之一。使用继承机制，新类可以从已有的类中获得数据成员和成员方法，并且可以根据需要增加新的成员。在程序开发中，类通过继承机制能够利用现有模块，从而提高开发效率。

继承的基本思想是基于某个基类的扩展，制定出一个新的派生类，派生类可以继承基类原有的属性和方法，也可以增加原来基类所不具备的属性和方法，或者直接重写基类中的某些方法。

3.3.1 继承的意义

1. 继承的意义

继承，顾名思义就是从上辈那里得到什么。在计算机世界中，一个类从另一个类派生出来，称之为派生类或子类，被派生的类称为基类或父类。派生类从基类那里继承特性，也可以作为其他类的基类。继承具有以下5个特点。

（1）C#中只允许单继承，即一个派生类只能有一个基类。

（2） C#中的继承可以被传递，如果x从y派生，y从z派生，那么x不仅继承y的成员，还继承z的成员。

（3）C#中的派生类可隐藏基类的同名成员，如果派生类隐藏了基类的同名成员，基类的该成员在派生类中就不能被直接访问，只能通过“base.基类方法名”来访问。这一点在运用时需要特别注意。

（4）C#中的派生类可添加新成员，但不能删除基类的成员。

（5）C#中的派生类不能继承基类的构造函数和析构函数，但能继承基类的属性。

2. base关键字

base关键字用于从派生类中访问基类的成员，它主要有两种使用形式。

（1）调用基类上已被其他方法重写的方法。

（2）指定创建派生类实例时调用的基类构造函数。

```
//基类
public Goods(string tradecode, string fullname)
{
    TradeCode = tradecode;
    FullName = fullname;
}
//派生类
public JHInfo(string jhid, string tradecode, string
fullname) : base(tradecode, fullname)
{
    JHID = jhid;
}
```

3. 继承中的构造函数和析构函数

由于派生类继承了基类的成员，所以在建立派生类的实例对象时，必须调用基类的构造函数来初始化派生类对象中的基类成员。在此，可以隐式地调用基类构造函数，也可以在派生类的构造函数中通过给基类提供初始化，显示调用的构造函数。

构造函数的调用顺序是先调用基类的构造函数，接着执行派生类成员对象的构造函数，最后调用派生类的构造函数。析构函数的调用顺序则正好与之相反，如图3-3所示。

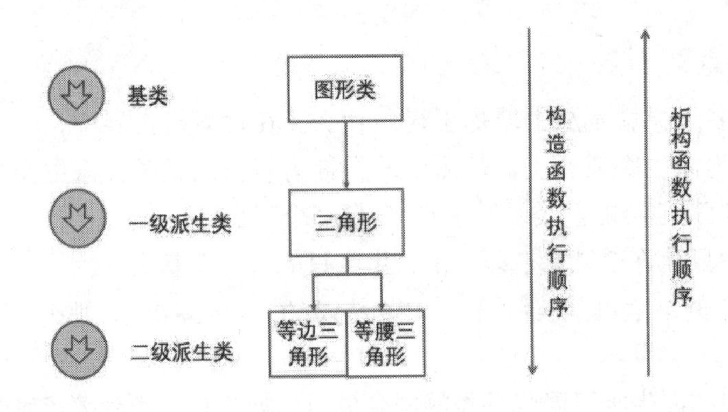

图3-3 构造函数和析构函数的调用顺序

3.3.2 如何定义派生类

派生类是基类的子类，基类是派生类的父类。定义派生类的格式如下所述。

```
Class student:person
{
    //类的主体
}
```

在上述格式中，子类将从父类继承，和C++等语言不同，C#中一个类最多允许有一个派生类，不允许从两个或更多的类中派生。除非派生类声明为sealed，否则可以创建更多的派生类，使用相同的语法从子类中派生，代码格式如下所述。

```
class  substudent:student
{
    //类的主体
}
```

从上述格式可以看出，以此形式继承下去可以创建一个继承层次结构。下面来看一个定义派生类的案例，代码如下所述。

```
public class  person
{
    string name;
    string phone;
    public  string  Name
```

```
        {
            get
            {
                return name;
            }
          set
          {
                name=value;
          }
        }
    public string Phone
    {
        get{…}
        set{…}
    }
    public class student:person
    {
        string email;
        string address;
        public stuinfo()
        {
        //构造函数
        }
     }
}
```

在上述代码中，派生类student继承了基类person，所以student类除了拥有自己的成员外，还拥有其基类person的所有成员。这就是说，student类具有Name和Phone特性。由于student是person的特殊化，所以它具有自己独特的成员email和address，以及自己的构造函数stuinfo()。

3.3.3 覆盖基类成员的方法

1. 隐藏基类的方法

在程序开发中，有时派生类的成员方法与相应基类的成员方法具有相同的名称，这种情况就称为派生类成员方法，隐藏了基类成员方法。也就是说，派生类成员方法覆盖了基类成员方法。当发生隐藏时，派生类成员方法就屏蔽了基类成员方法的功能。派生类的用户不能看到隐藏的成员方法，只能看到派生类的成员方法，这也叫方法的重写（override）。

重写方法需要注意以下几点。

（1）在C#中，默认情况下是不允许重写的。

（2）如果要在子类中重写方法，则父类的方法声明必须是virtual（虚拟）或abstract。

（3）基类方法的可访问级别并不因重写而改变。

（4）new、static、virtural不允许和override同时出现。

下面通过具体的案例来说明。

```
using System;
using System.Collections.Generic;
using System.Text;
namespace Console1
{
    class yg
    {
         public virtual void  Showinfo()
         {
             Console.WriteLine("该方法显示职员的信息");
         }
    }
    class Newyg: yg
    {
         public  override void Showinfo()
         {
             base.Showinfo();
             Console.WriteLine("该方法重写base方法");
         }
    }
    class Program
    {
         static void Main(string[] args)
         {
             Newyg obj=new Newyg();
             obj.Showinfo();
             yg obj1=obj;
             obj1.Showinfo();
         }
    }
}
```

上述案例中定义了父类yg和子类Newyg，父类中定义了一个虚方法Showinfo()，在子类中对该方法进行了重写，具体运行结果如图3-4所示。

图3-4　运行结果

当派生类从基类继承时，它会获得基类的所有方法、字段、属性和事件。若要更改基类的数据和行为，通常会使用两种方法。一种是使用新的派生类成员替换基类成员。另外一种方法是重写虚拟的基类成员，在实际编程中，究竟使用哪种方法，需根据具体情况确定。

案例1

在使用新的派生方法替换基类方法时应使用new关键字。具体代码如下所述。

```
class persion
{
    public void  display()
    {
      Console.WriteLine("x");
    }
}
class emp:persion
{
     new public void display()//隐藏基类方法display
     {
      Console.WriteLine("y");
     }
}
```

在主函数中执行以下语句：

```
emp b=new emp();
b.display();
```

运行结果为y。

2. 重写

重写是指在子类中编写有相同名称和参数的方法。

1) virtual关键字

virtual关键字用于修饰方法、属性或事件声明，并且允许在派生类中重写这些对象。下面定义了一个虚拟方法并可被任何继承它的类重写。

```
public virtual double vol()
{
     return x*y*z;
}
```

2）重写方法

override方法提供从基类继承的成员方法中实现新的功能，通过override声明重写的方法称为重写基方法。virtual修饰符不能与static、abstract和override修饰符一起使用。在静态属性上使用virtual修饰符是错误的。

案例2

分析以下程序的运行结果。

```
using System;
using System.Collections.Generic;
using System.Text;
namespace ConsoleApplication2
{
    class student
    {
        protected string  sno;      //定义学号
        protected string sname;     //定义姓名
        protected string jsname;     //定义教师
        public void aaa(string sno1, string sname1, string
jsname1)
        {
            sno = sno1; sname = sname1; jsname =jsname1;
        }
        public virtual void bbb()//虚方法
        {
            Console.WriteLine(" 中学生学号:{0} 姓名:{1} 教
```

```
师:{2}",sno, sname, jsname);
            }
        }
        class grastudent : student
        {
            public override void bbb()//重写方法
            {
                Console.WriteLine("大学生学号:{0} 姓名:{1} 教师:{2}",
sno, sname, jsname);
            }
        }
        class Program
        {
            static void Main(string[] args)
            {
                student xs = new student();
                xs.aaa("1", "李伦", "白之东");
                xs.bbb();
                grastudent a = new grastudent();
                a.aaa("2", "官俊杰", "朱琳");
                a.bbb();
            }
        }
    }
```

程序运行结果如图3-5所示。

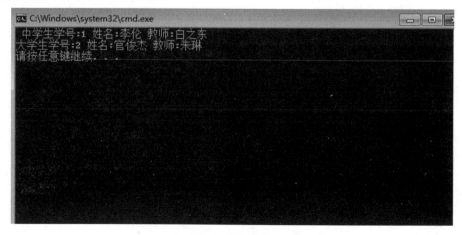

图3-5　运行结果

3.4 抽象类与多态

3.4.1 抽象类的定义及特点

在类声明中使用abstract修饰符的类称为抽象类。抽象类具有以下特点。

（1）抽象类不能实例化。

（2）抽象类可以包含抽象方法也可以包含非抽象方法。

（3）不能用sealed修饰符修改抽象类，这也意味着抽象类不能被继承。

（4）抽象类可以被抽象类所继承，结果仍是抽象类。

3.4.2 抽象方法

在方法声明中使用abstract修饰符指示方法不包含实现的即为抽象方法。抽象方法具有以下特性。

（1）声明一个抽象方法使用abstract关键字。

（2）抽象方法是隐式的虚方法。

（3）只允许在抽象类中使用抽象方法声明。

（4）一个类中可以包含一个或多个抽象方法。

（5）因为抽象方法声明不提供实际的实现，所以没有方法体，方法声明只是以一个分号结束，并且在声明后没有大括号{}。

（6）实现抽象方法是由一个重写方法提供，此重写方法是非抽象类的成员。

（7）实现抽象类用“:”，实现抽象方法用override关键字。

（8）在抽象方法声明中使用static或virtual修饰符是错误的。

（9）抽象方法被实现后，不能更改修饰符。

案例1

分析以下程序的运行结果。

```
class student
{
    abstract class x                    //抽象类声明
    {
        abstract public int A();        //抽象方法声明
    }
    class y : x
    {
        int a, b;
        public y(int a1, int b1)        //抽象方法实现
```

```
            {
                a = a1; b = b1;
            }
            public override int A()
            {
                return a * b;
            }
        }
        class Program
        {
            static void Main(string[] args)
            {
                y b = new y(7, 8);
                Console.WriteLine("{0}", b.A());
            }
        }
    }
```

此程序最后的运行结果为56。

3.4.3 抽象属性

除了在声明和调用语法上不同，抽象属性的行为与抽象方法类似。抽象属性具有如下特性。

（1）在静态属性上使用abstract修饰符是错误的。

（2）在派生类中，通过包括使用override修饰符的属性声明可以重写抽象的继承属性。

（3）抽象属性声明不提供属性访问器的实现，它只支持该类的定义，而将访问器实现留给其派生类。

案例2

分析以下程序的运行结果。

```
    abstract class A                       //抽象类声明
    {
        protected int x = 1;
        protected int y = 2;
        public abstract void pa();             //抽象方法声明
        public abstract int pb { get; set; }    //抽象属性声明
```

```
            public abstract int pc { get; }  //抽象
            class B : A
            {
                public override void pa()        //抽象方法实现
                { x++; y++; }
                public override int pb //抽象属性实现
                {
                    set{ x = value; }
                    get{ return x+6; }
                }
                public override int pc //抽象属性实现
                {
                    get{ return y+6; }
                }
            }
            class Program
            {
                static void Main(string[] args)
                {
                    B b = new B();
                    b.pb = 5;
                    b.pa();
                    Console.WriteLine("x={0}, y={1}", b.pb, b.pc);
                }
            }
        }
```

此程序最后的运行结果为x=12，y=9。

3.4.4 什么是多态性

面向对象程序设计中的多态性是一个重要的概念。所谓多态性，就是不同类的同一动作产生不同的行为，运算符重载和函数重载都属于多态性的表现形式。比如，飞机、人和自行车都有运动的行为，但它们的运动是不一样的，自行车是在道路上运动，飞机是在天空飞行，而人则是在路上走动，这就是多态性。

本章总结

本章首先讲述了面向对象的基本概念，如：什么是类，什么是对象，如何定义类等；其次讲解了C#中的继承，成员变量和成员函数；最后讲解了抽象类和抽象方法及多态的相关知识。

练习与实践

【选择题】

1．以下（ ）符号可用于区分析构函数和构造函数。

A．?　　B．~　　C．@　　D．B

2．以下构造函数的陈述中，正确的是（ ）。

A．构造函数用于执行清除操作　　B．构造函数的名称前应该加~符号

C．构造函数应该与类同名　　D．构造函数的调用方式和方法相同

3．对于不返回任何值的方法，其返回类型为（ ）。

A．char　　B．float　　C．int　　D．void

4．命名空间用于（ ）。

A．重载方法　　B．初始化变量　　C．简化命名冲突　　D．模拟对象

5．下面的符号不是命名规范的public成员的变量是（ ）。

A．_size　　B．userName　　C．LastName　　D．dept

6．以下选项中（ ）为“从属”关系。

A．国家和首都　　B．调制解调器和输入输出设备

C．车和门　　D．自行车和交通工具

7．如果ALPHA类继承自BETA类，则ALPHA类称为（ ），BETA类称为（ ）。

A．基类 派生类　　B．派生类 基类

C．密封类 基类　　D．该表述有误

8．（ ）关键字用于重写基类的虚拟方法。

A．override　　B．new　　C．base　　D．static

9．（ ）在属性的设置方法的实现内，用于访问传递给属性的隐式参数。

A．this　　B．value　　C．args　　D．property

10．属性的（ ）访问器用于将赋值给类的私有实例变量。

A．get　　B．set　　C．this　　D．value

【实训任务一】

.NET中重载的应用	
项目背景介绍	请编写一个程序，根据个人财产、销售额和收入计算所得税，请以以下几种情况进行计算。 （1）如果某人拥有住房，但没有公司，则以房产价值计算所得税。 （2）如果某人没有住房，但有公司，则以营业额计算所得税。 （3）如果某人同时拥有住房又有公司，则以房产价值和营业额计算所得税。 （4）无论是否拥有住房或公司，都需要交纳个人所得税。
设计任务概述	通过类中成员方法的重载，并根据下面的条件，编写程序实现并输出不同条件下总的税费是多少？ （1）有房产或者有公司的所得税=总金额*（费率 /100）。 （2）既有公司又有房产的所得税=金额1*（费率/100）+金额2*（费率/100）。 （3）只有工资收入的所得税=0.15*总金额。
实训记录	
教师考评	评语： 辅导教师签字：

【实训任务二】

.NET中继承的应用	
项目背景介绍	使用person和student两个类来说明继承。person具有姓名和血型等属性，需要提供方法实现以接收和显示这些属性的值。student具有学历、分数等属性，同样需要提供方法以实现接收和显示这些属性的值。
设计任务概述	在任务中要通过成员方法的形式来完成相关功能的实现，本习题也可以通过构造函数的形式来得到最终结果。
实训记录	
教师考评	评语： 辅导教师签字：

第4章

错误、调试和异常处理

本章导读

本章主要讲解程序调试、断点设置、系统异常、用户自定义异常、如何抛出异常、如何准确地捕获异常并适当地处理它们。同时将介绍有关try...catch块、throw子句、异常涉及的类、finally块以及如何创建用户自定义异常等方面的知识。

学习目标

- 掌握异常如何捕获
- 掌握常用系统异常
- 掌握异常处理中finally语句块的使用
- 掌握常用的错误类型，并能调试

技能要点

- try语句、catch语句和finally语句的应用
- throw语句的应用
- 用户自定义异常的处理及应用

实训任务

- 编写一个程序，实现当用户没有输入字符串时出现异常，并进行处理

4.1 错误分类

4.1.1 语法错误

语法错误也称为编译错误，是由于不正确地编写代码而产生的。如果输入了错误的关键字、变量名称不区分大小写、 标点符号（如双引号、分号等）在中文状态下录入，语句结束时没有分号作结束等， C#在编译应用程序时就会检测到这些错误，并提示相应的错误信息。如图4-1所示，代码MessageBox.Show（“123”）后面少了分号，语句后就有红色波浪符号出现，说明该语句有语法错误。

为了在调试时便于知道是第几行出错，能快速找到程序出错的位置，需要在代码中设置行号，在Visual Studio的IDE环境中设置。

选择“工具”|“选项”命令，在出现的“选项”对话框中选择“文本编辑器”|“C#”|“常规”选项，如图4-2所示，勾选“行号”，则在代码的每一行前显示该行的行号，这样就便于调试程序了。

```
}

1 个引用
private void textBox1_KeyPress(object sender, KeyPressEventArgs e)
{

    try
    {
        e.Handled = e.KeyChar < '0' || e.KeyChar > '9';
        if (e.KeyChar == (char)8)
            e.Handled = false;
        if ((textBox1.Text.Substring(2, 1) == "3") || (textBox1.Text.Substring(2, 1) == "5")
            || (textBox1.Text.Substring(2, 1) == "6") || (textBox1.Text.Substring(2, 1) == "8"))
        {
            MessageBox.Show("123")
        }
        if (e.Handled==true || textBox1.Text.Length > 11)
        {

            throw new PhoneException("电话号码是11位");
            //textBox1.Text = "";
            }

    }
catch (PhoneException se)
    {
        MessageBox.Show(se.Message);
    }
}
```

图 4-1　语法错误

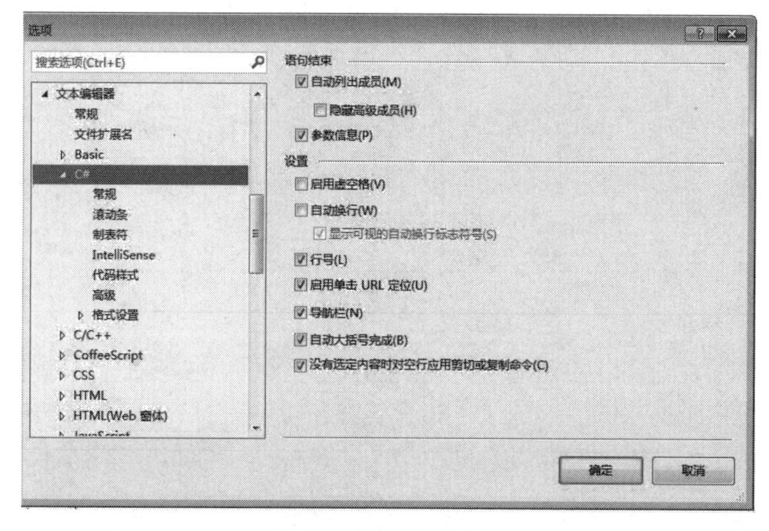

图4-2　“选项”对话框

4.1.2　运行错误

在C#程序运行期间，当一个语句试图执行一个不能执行的操作时，就会发生运行错误。运行时的错误可能是语法错误，也有可能是逻辑错误，这些错误包括字符串格式不正确、数据溢出、数组下标越界等。例如，有如下一组代码，未处理的异常如图4-3所示。

```
using System;
using System.Collections.Generic;
using System.Linq;
```

```
using System.Text;
using System.Threading.Tasks;
namespace ynxh
{
    class Program
    {
        static void Main(string[] args)
        {
            try
            {
                Console.WriteLine("请输入除数:");
                string x = Console.ReadLine();
                Console.WriteLine("请输入被除数:");
                string y = Console.ReadLine();
                int x1 = int.Parse(x);
                int x2 = int.Parse(y);
                int x3 = x2 / x1;
                Console.WriteLine("执行结果为:{0}", x3);
            }
            catch (Exception ex)
            {
                Console.WriteLine(ex.Message);
            }
        }
    }
}
```

图 4-3　未处理的异常

4.2 程序调试

C#提供了强大的程序调试功能，使用其调试环境可以有效地完成程序的调试工作，从而有助于发现运行错误。

1. 如何开始调试

开始调试的过程有四种方法。第一种方法：从“调试”菜单中选择“开始调试”命令或按F5快捷键；第二种方法：从“调试”菜单中选择“逐语句”命令或按F11快捷键；第三种方法：从“调试”菜单中选择“逐过程”命令或按F10快捷键；第四种方法：在代码编辑窗口中单击鼠标右键，然后从快捷菜单中选择“运行到光标处”命令。

2. 设置断点

断点是在程序中设置的一个位置，程序执行到这些位置时暂停。断点的作用是当程序执行到断点的语句时会暂停程序的运行，供程序员检查这一位置上程序元素的运行情况，这样有助于定位产生错误时输出出错的代码段。

设置和取消断点的方法是将光标移至需要设置断点的语句处，然后按F9键。

3. 调试过程

先在某行设置断点，然后在调试器中按F5键运行应用程序，应用程序会在该行停止，此时可以检查任何给定变量的值，或观察执行跳出循环的时间和方式，再按F10键逐行单步执行代码。

4.3 异常处理

4.3.1 异常处理知识

异常处理就是在应用程序的开发中使用try块来表示对可能受异常影响的代码，并使用catch块来处理所产生的任何异常。而且，不管是否引发异常，都可以使用finally块来执行代码。有时，使用finally块非常必要，比如数据库的连接操作，资源释放时一般写在finally块中，一旦引发了异常，将不执行try块或catch块后面的代码。try块必须与catch块或finally块一起使用，并且可以包括多个catch块。

1. 抛出和捕获异常

正常情况下，程序流进入try控制块，如果没有错误发生，就会正常操作。当程序流离开try控制块后，如果没有发生错误，将执行catch后的finally语句块或按顺序执行；当执行try时发生错误，程序流就会跳转到相应的catch语句块。代码格式如下所述。

```
try
{
//可能产生异常的程序代码
}
catch(异常类型1  异常类对象1)
{
//处理异常类型1的异常控制代码
}
……
catch(异常类型n  异常类对象n)
{
//处理异常类型n的异常控制代码
}
```

案例1

创建一个控制台应用程序项目，通过try...catch语句捕捉整数除零的错误。

```
{
        int x = 12,y = 0;
        try                          //try...catch语句
        {
              x = x/y;                      //引发除零错误
        }
        catch (Exception a)        //捕捉该错误
        {
          Console.WriteLine("{0}",a.Message);    //显示错误信息
        }
}
```

输出结果为：试图除以零。

2. try...catch...finally语句

同try...catch语句相比，try...catch...finally语句增加了一个finally块，其作用是不管是否发生异常，即使没有catch块，都将执行finally块中的语句。也就是说，finally块始终会执行，而与是否引发异常或者是否找到与异常类型匹配的catch块无关，其余与try...catch语句相同。finally块通常用来释放资源，而不用等待运行库中的垃圾回收器来终结对象。

案例2

编写一个控制台应用程序项目，说明finally块在异常处理中的作用。

```
int  a= 10, i; int[] x = new int[5] { 1, 5, 3, 0, 6 };
        try
        {
            for (i = 0; i < x.Length; i++)
                Console.Write("{0} ", a / x[i]);
            Console.WriteLine();
        }
        catch (Exception cw)
        {
            Console.WriteLine("{0}", cw.Message);
        }
        finally
        {
            Console.WriteLine("执行finally块");
        }
```

运行结果如图4-4所示。

图 4-4　运行结果

4.3.2 异常类和用户自定义异常

System.Exception类是其他异常类的基类。它有两个直接子类：ApplicationException和SystemException。

当错误发生时，字符串格式不对等就会由运行环境抛出SystemException类的适当子类，例如出现了除数为零。ApplicationException类是由用户程序抛出，而不是由运行环境抛出。所有的自定义异常都是ApplicationException类的派生类。

1. 常用异常类

- ArithmeticException：数学计算错误。
- ArrayTypeMismatchException：数组类型不匹配。
- DivideByZeroException：被零除。
- FormatException：参数的格式不正确。
- IndexOutOfRangeException：索引超出范围。
- InvalidCastException：非法强制转换。
- OutOfMemoryException：内存不足。
- OverflowException：溢出。
- StackOverflowException：栈溢出。
- TypeInitializationException：错误的初始化类型，静态构造函数有问题时引发。
- NotFiniteNumberException：数字不合法。
- MemberAccessException：访问错误，类型成员不能被访问。
- ArgumentException：参数错误，方法的参数无效。
- ArgumentNullException：给方法传递一个不可接受的空参数。

2. 用户自定义异常

尽管系统提供的异常类有不少，但在实际编程中还是不够的，在这样的情况下，程序员可以通过继承Exception来创建自己的异常类。这里需要注意的是，所有的自定义异常类必须都是继承ApplicationException类或它的某个派生类。

声明一个异常类的语法格式如下所述。

```
class ExceptionName:Exception
{
 //省略代码
}
```

引发自定义异常的格式如下：

```
throw(ExceptionName);
```

下面来看如何创建用户自定义异常类，以及如何使用该自定义的异常类，具体代码如下。

```
try
{
    throw (new MyE("自己定义的异常"));
}
catch(Exception e)
```

```
    {
        Console.WriteLine(e.GetType().ToString());
        Console.WriteLine(e.Message);
    }

public class MyE:ApplicationException
{
        public MyE(string msg):base(msg)
        {

        }
}
```

在上面的代码中定义了一个自定义异常类MyE。它继承ApplicationException类，从而继承了Exception类，所以它拥有Exception类中定义的属性和方法。从该案例中可以看出，用户自己编写的异常并不能像系统提供的异常那样由系统自动抛出，而是需要在编写程序的过程中由程序员使用throw语句，由应用程序抛出，该案例的执行结果如图4-5所示。

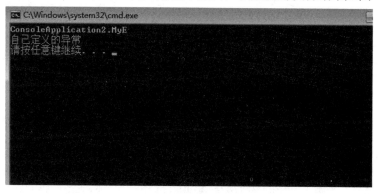

图 4-5　运行结果

本章总结

本章首先讲解了程序调试中的错误信息、异常的分类及在编写程序过程中异常的判断；其次讲解了异常处理程序中try{....}、 catch{...} 和finally{...}语句的应用；最后讲解了用户自定义异常、如何抛出异常及如何处理异常。

练习与实践

【选择题】

1．System.Exception类的子类包含（　）。

A．ApplicationException　　B．IOException

C．Exception　　D．SystemException

2．try关键字的作用是（　）。

A．捕获异常　　B．抛出异常　　C．处理异常　　D．释放资源

3．C#中抛出异常使用的关键字是（　）。

A．try　　B．finally　　C．throw　　D．catch

4．调试C#程序使用的快捷键是（　）。

A．CTRL+F1　　B．F5　　C．CTRL+F3　　D．F9

5．调试C#程序时，切换断点使用的快捷键是（　）。

A．F9　　B．F5　　C．F3　　D．F8

6．C#中逐语句调试使用的快捷键是（　）。

A．F5　　B．F11　　C．F8　　D．F9

【实训任务】

使用try...catch语句块	
项目背景介绍	在应用程序开发时，会经常遇到将字符串中的数字提取出来进行算术运算的情况，这就需要对数字字符串进行转换。我们不能保证每次提取的字符都是由数字组成的，所以当提取的字符由字母、空字符或其他非数字字符组成时，在进行转换时将会抛出异常。
设计任务概述	1. 在Visual Studio中，创建一个控制台应用程序项目Test Null String。 2. 根据程序的要求编写Main()方法，它用于处理空字符串转换为数字时抛出的异常。
实训记录	
教师考评	评语： 辅导教师签字：

WinForm组件

本章导读

控件是具有特定特性和独特功能的特殊化窗口。C#中提供了许多Windows窗体控件。其中一些控件的作用一目了然，例如TextBox、Label、CheckBox等。本章将把这些控件分为基本控件、图形图像控件、容器控件、按钮控件、列表控件和菜单控件等进行介绍。

学习目标

- 理解Windows窗体的概述
- 掌握基本控件
- 掌握按钮控件
- 掌握容器控件
- 掌握菜单控件

技能要点

- 掌握SDI窗口和MDI窗口
- 掌握TreeView类和ListView类控件
- 掌握事件驱动编程

实训任务

- 倒计时窗体的制作
- 登录窗口

5.1 窗体设计

窗体（Form）是一个窗口或对话框，是存放各种控件的容器，如标签、文本框、命令按钮、组合框、列表框、分组控件等，可用来向用户显示信息和接收用户输入的信息。

5.1.1 创建Windows窗体应用程序的过程

1. 窗体类型

在C#中，窗体分为以下两种类型窗体。

（1）普通窗体，也称为单文档窗体（SDI）。普通窗体又分为如下两种。

模式窗体。这类窗体在屏幕上显示后用户必须响应，只有关闭它后才能操作其他窗体或程序。

无模式窗体。这类窗体在屏幕上显示后用户可以不必响应，可以随意切换到其他窗体或程序进行操作。通常情况下，当建立新的窗体时，都默认设置为无模式窗体。

（2）MDI父窗体，即多文档窗体，其中可以放置普通子窗体。

2. 添加窗体

如果要向项目中添加一个新窗体，可以在项目名称上单击鼠标右键，在弹出的快捷菜单中选择“添加”/“Windows窗体”或者“添加”/“新建项”菜单，打开“添加新项”对话框，选择“Windows窗体”选项，输入窗体名称后，单击“添加”按钮，即可向项目中添加一个新的窗体。

3. 设置启动窗体

一个应用系统一般不止一个窗体，在项目规模比较大的时候可能有几百个窗体。当窗体多了以后，需要设置启动窗体，也就是我们经常说的软件启动后看到的第一个窗体。特别是在软件调试时经常需要设置当前窗体为启动窗体，否则调试过于麻烦。项目的启动窗体是在Program.cs文件中设置的，在Program.cs文件中改变Run方法的参数，即可实现设置启动窗体，代码如下所述。

```
public static void Run (Form mainForm)
```

其中的mainForm就是启动窗体。也就是应用程序启动后，用户看到的第一个窗体。

5.1.2 设置窗体属性、方法和事件

1. 窗体常用的属性

在C#中，Windows窗体的常用属性有以下几个。

- 隐藏窗体的标题栏——FormBorderStyle属性
- 控制窗体的显示位置——StartPosition属性
- 修改窗体的大小——Size属性
- 设置窗体背景图片——BackgroundImage属性
- 控制窗体标题——Text属性
- 窗体的名字——Name属性

2. 窗体常用方法

Show方法——显示窗体，其语法格式是：

```
public void Show()
```

Hide方法——隐藏窗体，其语法格式是：

```
pubilc void Hide()
```

Close方法——关闭窗体，其语法格式是：

```
public void Close()
```

3. 常用窗体事件

在运行的Windows窗体上，当用户单击一个按钮时就有可能触发相应的事件来完成某些操作。

Load事件——窗体加载，窗体加载事件一般是完成变量的初始化或对象属性的初始化。加载事件一般用鼠标在窗体的任意位置点击就可以进入，进入后具体代码如下所述。

```
private void Form1_Load(object sender, EventArgs e)
{
}
```

FormClosing事件——窗体关闭时触发，当鼠标指向窗体的关闭按钮时触发，一般完成系统资源的释放，具体代码如下所述。

```
private void Form1_FormClosing(object sender,
FormClosingEventArgs e)
{
}
```

4. 窗体上各事件的引发顺序

当一个窗体启动时，执行事件过程的次序如下。

（1）本窗体上的Load事件过程。

（2）本窗体上的Activated事件过程。

（3）本窗体上的其他Form级事件过程。

（4）本窗体上包含对象的相应事件过程。

一个窗体被卸载时，执行事件过程的次序如下。

（1）本窗体上的Closing事件过程。

（2）本窗体上的FormClosing事件过程。

（3）本窗体上的Closed事件过程。

（4）本窗体上的FormClosed事件过程。

5. 焦点

焦点（Focus）就是我们经常说的光标，是指当前处于活动状态的窗体或控件。

要将焦点移到当前窗体中的控件中可通过控件本身的Focus()方法实现。比如，要设置文本框的焦点，可使用“textBox1.Focus();”命令实现；要设置按钮的焦点，可使用“button1.Focus();”命令实现。

5.2 Windows基本控件

控件是窗体中包含的对象，是构成用户界面的基本元素，也是C#可视化编程的重要工具。在IDE环境中，控件是非常重要的工具，所有的控件都放在工具箱中，根据控件的不同用途分为若干个选项卡，可单击相应的选项卡将其展开，选择需要的控件。

大多数控件共有的基本属性如下所述。

（1）名称属性，如Name。

（2）文本属性，如Text。

（3）字体大小属性，如Size。

（4）字体格式属性，如Font。

（5）前景色和背景色属性（ForeColor和BackColor）。

（6）Dock属性。

（7）可见属性（Visible）和有效属性（Enabled），Visible和Enabled属性是逻辑值。如果值为真，则可见或可用，否则就是不可见或不可用。

1. Control基类

Control类是定义控件的基类，控件是带有可视化表现形式的组件。Control类处理用户通过键盘和其他设备所进行的输入，另外，它还处理消息路由和安全。

2. Label控件

Label控件就是标签控件，它主要用于显示提示文本和标识窗体上的对象（例如，给文本框和列表框添加描述信息）。它的显示信息主要在设计时指定，当然也可以通过编写代码来设置要显示的文本信息。

（1）设置标签文本。

```
label1.Text="学号";label2.Text="姓名";
```

（2）显示/隐藏控件。

```
label1.Visible = true/false;
```

（3）可用/不可用。

```
Label1.Enabled=true/false;
```

3. Button控件

Button控件就是按钮控件，按钮控件是在编写程序过程中使用比较多的控件之一，一般通过单击它执行对应的操作。按钮控件既可以显示文本，也可以显示图像，它的Text属性主要是显示文本信息，Image属性主要是导入图片后显示图片信息，Click事件用来指定单击Button控件时执行的操作。按钮和标签如图5-1所示。具体的代码如下所述。

```
label1.Text="请输入正确的账户和密码、\n"+"登录学生信息管理系统";
label2.Text="账号";
label3.Text="密码";
label4.Text="验证码";
```

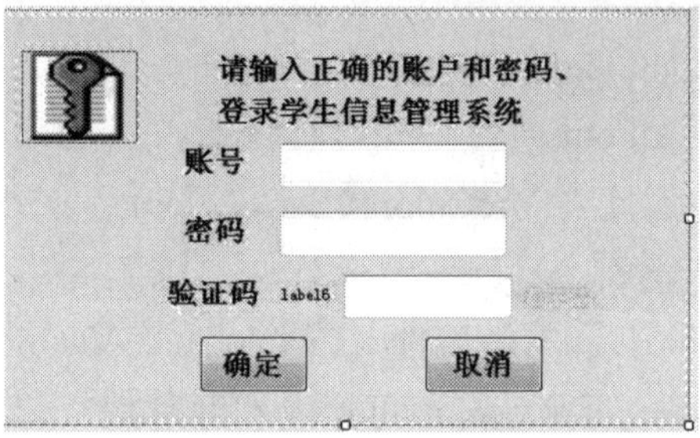

图5-1　按钮和标签控件

4. TextBox控件

TextBox控件就是文本框控件，它主要用于获取用户输入的数据或者显示的文本。文本框控件显示或输入的数据是字符型数据，所以在实际编程过程中，可能经常需要进行数据类型的转换，一般可以通过Convert函数进行转换。文本框控件如图5-2所示，当输入用户名、密码和验证码时，所用到的控件就是文本框。

（1）创建只读文本框——ReadOnly属性。

（2）创建密码文本框——PasswordChar属性。

（3）创建多行文本框——Multiline属性。

（4）响应文本框的文本更改事件——TextChanged事件。

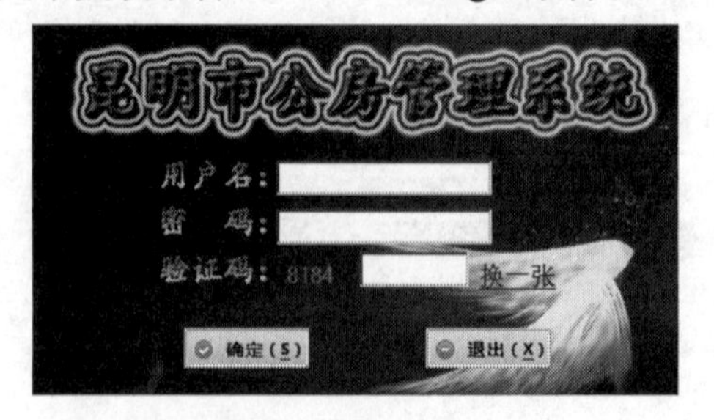

图5-2　文件框控件

5. CheckBox控件

复选框控件（CheckBox控件）用来表示是否选取了某个或某几个选项条件，常用于为用户提供具有多项选项值的选项，既然是复选框，就可同时选中多个，复选框控件如图5-3所示。

（1）判断复选框是否选中——Checked属性。

（2）响应复选框的选中状态更改事件——CheckStateChanged事件。

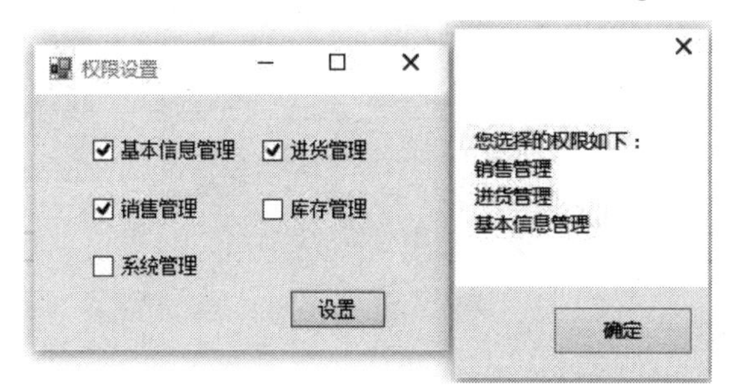

图5-3　复选框控件

案例1

设计一个窗体，说明复选框的应用。

（1）设计界面如图5-4所示。

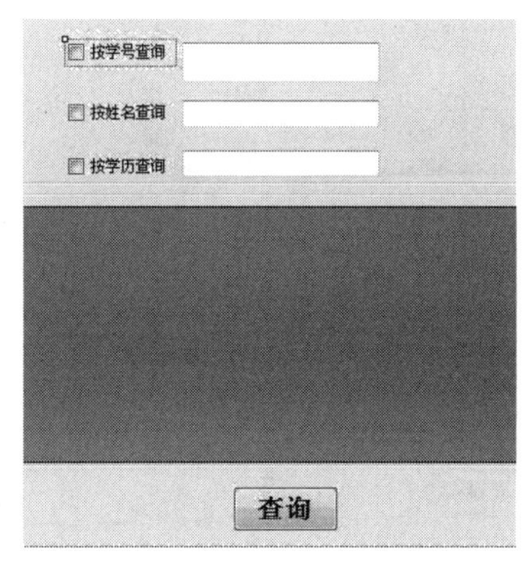

图5-4　设计界面

（2）事件过程的具体代码如下所述。

```
private void button1_Click(object sender, EventArgs e)
{
    if(cB1.Checked && cB2.Checked && !cB3.Checked)
        MessageBox.Show("我们的选择正确", "提示信息",
MessageBoxButtons.OKCancel, MessageBoxIcon.Information);
    else
        MessageBox.Show("我们的选择不正确", "错误信息",
MessageBoxButtons.OKCancel, MessageBoxIcon.Error);
}
```

运行结果如图5-5所示。

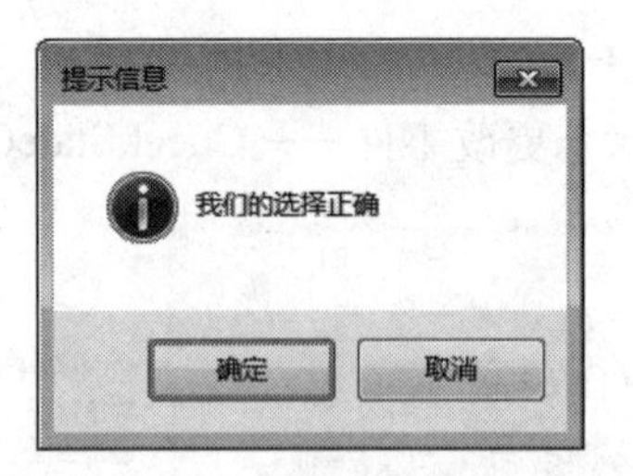

图5-5　复选框的运行结果

6. RadioButton控件

单选按钮控件（RadioButton控件）就是用户一次只能选择一个，当用户选中某单选按钮时，同一组中的其他单选按钮不能同时选定。单选按钮如图5-6所示。

（1）判断单选按钮是否选中——Checked属性。

（2）响应单选按钮选中状态更改事件——CheckedChanged事件。

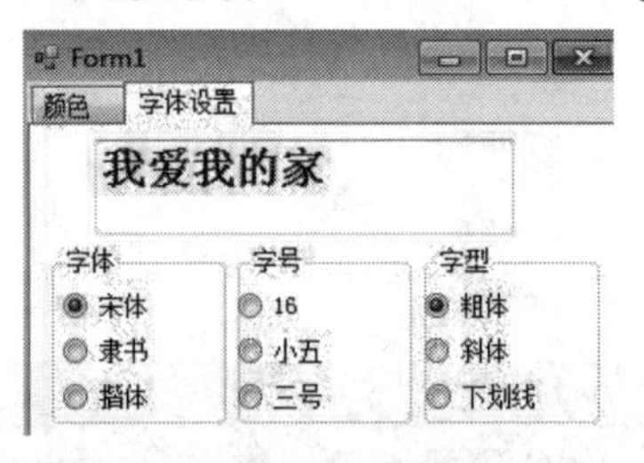

图5-6　单选按钮

案例2

设计一个窗体，说明单选按钮的使用方法。

（1）设计界面如图5-7所示。

图5-7　设计界面

（2）事件过程的具体代码如下所述。

```
private void button1_Click(object sender, EventArgs e)
{
    if (radiobutton3.Checked)
```

```
        MessageBox.Show("您选对了,这是按学历查询",
"信息提示", MessageBoxButtons.OK);
    else if (radiobutton1.Checked || radiobutton2.Checked)
        MessageBox.Show("您选错了,这是按学号或姓名查询",
"信息提示", MessageBoxButtons.OK);
}
```

运行结果如图5-8所示。

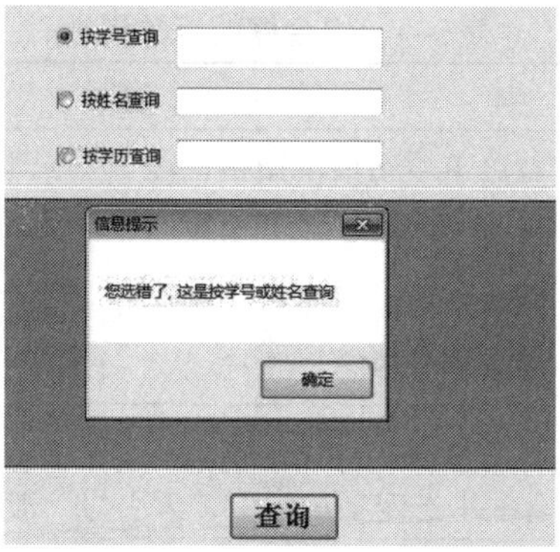

图5-8 单选按钮的运行结果

7. RichTextBox控件

RichTextBox控件又称为富文本框控件，它主要用于显示、输入和操作带有格式的文本，它可以用来显示字体、颜色、从文件加载文本及嵌入的图像、撤销和查找指定的字符等功能。RichTextBox控件如图5-9所示。

（1）显示滚动条——ScrollBars属性。

（2）设置字体属性——SelectionFont属性和SelectionColor属性。

（3）显示为超链接样式——Text属性和LinkClicked事件。

（4）设置段落格式——SelectionBullet属性和SelectionIndent属性。

图5-9 RichTextBox控件

通过RichTextBox和TextBox组件设置字体的对齐方式，具体代码如下所述。

```
    textBox1.TextAlign=System.Windows.Forms.HorizontalAlignment.
Right;
    richTextBox1.SelectionAlignment=System.Windows.Forms.
HorizontalAlignment.Right;
```

8. ComboBox控件

ComboBox控件也叫组合框控件，它主要用在下拉组合框中显示数据。该控件由两部分组成，一部分用于输入数据，另外一部分是用于输入列表框。它显示一个选项列表，用户可以从中选择需要的选项。

（1）设置下拉组合框——DropDownStyle属性。

（2）响应下拉组合框的选项值更改事件——SelectedValueChanged事件。

具体的属性如表5-1所示。

表5-1　组合框的相关属性

属性	说明
DropDownStyle	该属性主要有以下三个值供用户选择 · DropDown（默认值）：文本部分可编辑。用户通过单击箭头按钮来显示列表部分 · DropDownList：这是只读的，用户不能对其中的文本部分进行编辑 · Simple：文本部分可编辑
Items	表示该组合框中所包含项的集合
SelectedItem	设置当前组合框中选定项的索引，索引号一般从0开始
SelectedText	设置当前组合框中选定项的文本
Sorted	该属性主要是确定对组合框中的内容是否进行排序

通过ComboBox组件选择职位。具体代码如下所述。

```
    comboBox1.Items.Add("人事经理");
    comboBox1.Items.Add(“技术经理");
    comboBox1.Items.Add(“财务经理");
    //触发ComboBox1控件的选择项事件
    Private void comboBox1_SeletedChanged(object
sender,EventArgs e)
    {
    Label2.Text="您选择的职位为："+comboBox1.SelectedItem;
```

运行结果如图5-10所示。

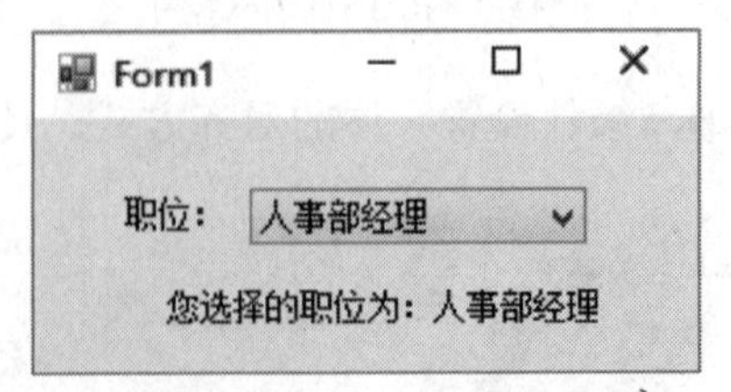

图5-10　通过comboBox选择职位

案例3

设计一个窗体，通过一个文本框向组合框中添加项。

（1）设计界面如图5-11所示。

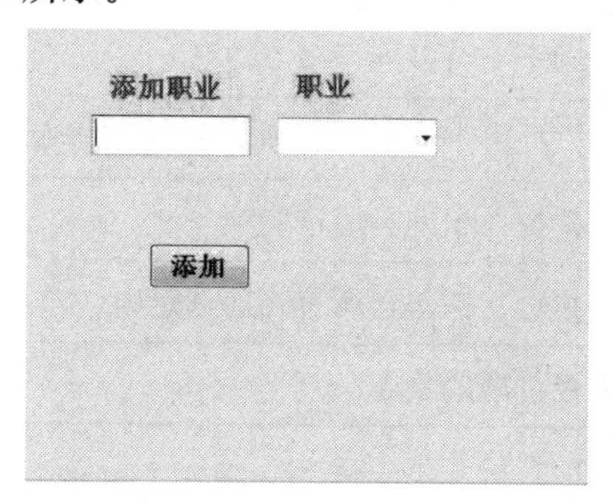

图5-11　设计界面

（2）事件过程，具体代码如下所述。

```
private void button1_Click(object sender, EventArgs e)
{
   if (textBox1.Text != "")
       if (!comboBox1.Items.Contains(textBox1.Text))
           comboBox1.Items.Add(textBox1.Text); //不添加重复项
}
```

运行结果如图5-12所示。

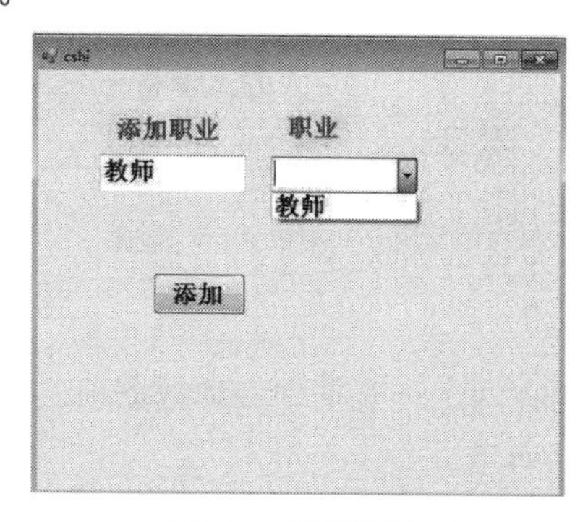

图5-12　运行结果

9. ListBox控件

ListBox控件又称为列表控件，它主要用于显示一个列表，用户可以从中选择一项或多项。如果选项总数超出可以显示的项数，则控件会自动添加滚动条。

（1）添加和移除项——Items属性的Add方法和Remove方法。

（2）显示滚动条——HorizontalScrollbar属性和ScrollAlwaysVisible属性。

（3）选择多项——SelectionMode属性。

列表框控件的常用属性如表5-2所示。

表5-2　列表框的属性

属性	说明
MultiColumn	设置列表框控件是否支持多列。设置为True，则支持多列；设置为False（默认值），则不支持多列
SelectedIndex	设置列表框控件中当前选定项的索引从0开始
SelectedItem	设置列表框控件中的当前选定项
SelectedItems	获取一个集合，它包含所有当前选定项
Items	获取列表控件项的集合
Text	当前选取的选项文本

列表框的运行效果如图5-13所示。

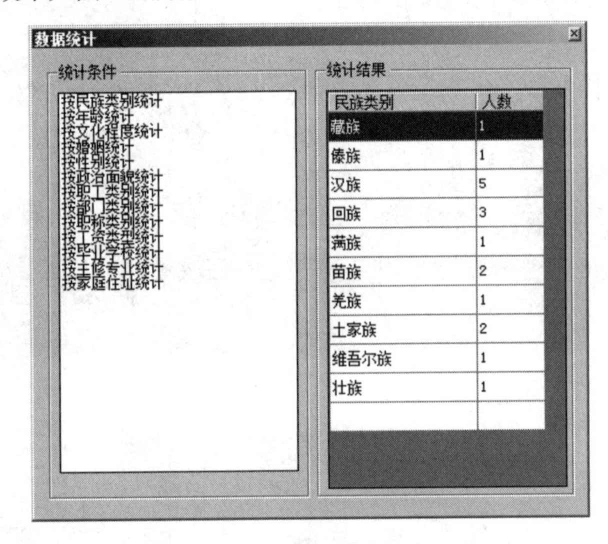

图5-13　列表框的运行效果

案例4

设计一个窗体，其功能是在两个列表框中移动数据项。

（1）设计界面如图5-14所示。

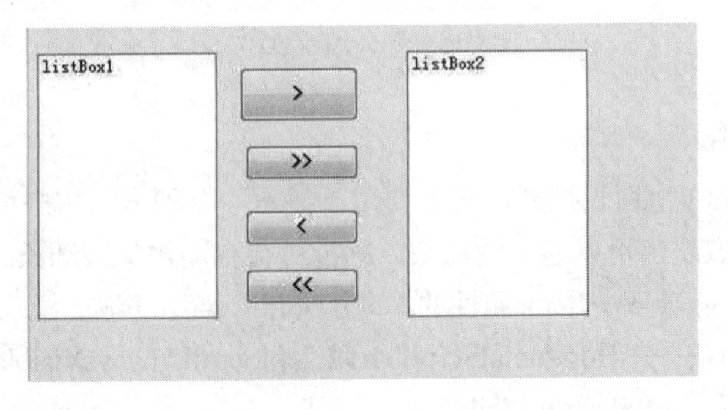

图5-14　设计界面

（2）事件过程，在窗体加载事件中编写如下代码。

```
listBox1.Items.Add("财务处");
listBox1.Items.Add("人事处");
listBox1.Items.Add("技术处");
listBox1.Items.Add("销售处");
listBox1.Items.Add("行政处");
listBox1.Items.Add("信息处");
additems()                        //调用additems()方法
```

编写一个用户自定义的方法，该方法不返回值。

```
private void additems()
{
    if (lB1.Items.Count==0)
    {
        btn1.Enabled=false;
        btn2.Enabled=false;
    }
    else
    {
        btn1.Enabled = true;
        btn2.Enabled = true;
    }
    if (lB2.Items.Count == 0)
    {
         btn3.Enabled = false;
         btn4.Enabled = false;
    }
    else
    {
         btn3.Enabled = true;
         btn4.Enabled = true;
    }
}
```

按钮1事件代码如下所述。

```
{
        if (lB1.SelectedIndex>= 0)
        {
            lB2.Items.Add(lB1.SelectedItem);
            lB1.Items.RemoveAt(lB1.SelectedIndex);
        }
        additems();         //调用additems()方法
}
```

按钮2事件代码如下所述。

```
foreach (object item in lB1.Items)
{
        lB2.Items.Add(item);
        lB1.Items.Clear();
        additems();         //调用additems()方法
}
```


按钮3事件代码如下所述。

```
{
        if (lB2.SelectedIndex>= 0)
        {
            lB1.Items.Add(lB2.SelectedItem)
            lB2.Items.RemoveAt(lB2.SelectedIndex);
        }
        additems();         //调用additems()方法
}
```

按钮4事件代码如下所述。

```
foreach (object item in lB2.Items)
{
    lB1.Items.Add(item);
    lB2.Items.Clear();
    additems();             //调用additems()方法
}
```

程序运行结果如图5-15所示。

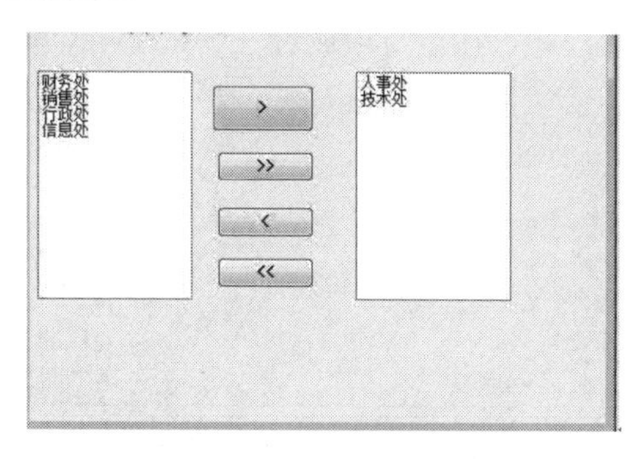

图5-15 运行结果

10. TreeView控件

TreeView控件又称树控件，比如在Windows操作系统中，资源管理器就是非常典型的树形控件。树形控件可以为用户显示节点层次结构，而每个节点又可以包含若干个子节点。包含子节点的节点叫父节点。TreeView控件如图5-16所示。

（1）添加和删除树节点——Nodes属性的Add和Remove方法。

```
treeView1.Nodes.Remove(treeView1.SelectNode)//删除所选项
```

（2）获取选中节点——AfterSelect事件和Node.Text属性。

（3）为节点设置图标——ImageList、ImageIndex和SelectedImageIndex属性。

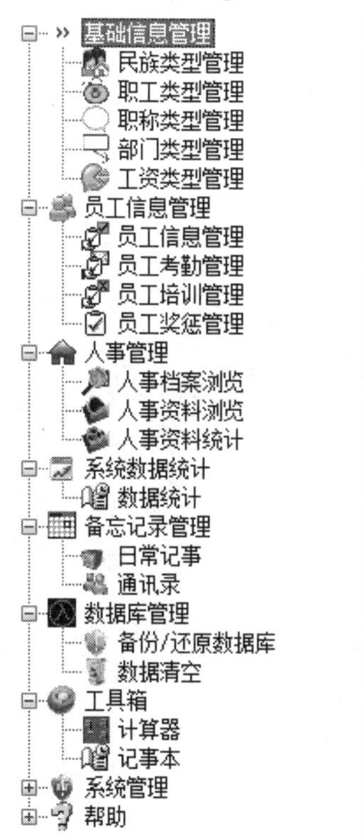

图5-16 TreeView控件

案例5

创建一个Windows应用程序，在窗口中放置一个Treeview控件和一个ImageList控件。其中，TreeView控件用来显示学生信息，ImageList控件用来存放TreeView控件中用到的图片文件。具体代码如下所述。

```
    //添加根节点
    TreeNode student = treeView1.Nodes.Add("学生管理");
    TreeNode bj = treeView1.Nodes.Add("班级管理");
    TreeNode kc = treeView1.Nodes.Add("课程管理");
    TreeNode zy = treeView1.Nodes.Add("专业管理");
    TreeNode cj = treeView1.Nodes.Add("成绩管理");
    //添加叶子节点
            TreeNode addstudent = new TreeNode("增加学生信息");
            TreeNode delstudent = new TreeNode("删除学生信息");
            TreeNode editstudent = new TreeNode("修改学生信息");
            TreeNode cxstudent = new TreeNode("查询学生信息");
            TreeNode addbj = new TreeNode("增加班级信息");
            TreeNode delbj = new TreeNode("删除班级信息");
            TreeNode editbj = new TreeNode("修改班级信息");
            TreeNode cxbj = new TreeNode("查询班级信息");
            TreeNode addkc = new TreeNode("增加课程信息");
            TreeNode delkc = new TreeNode("删除课程信息");
            TreeNode editkc = new TreeNode("修改课程信息");
            TreeNode cxkc = new TreeNode("查询课程信息");
            TreeNode addzy = new TreeNode("增加专业信息");
            TreeNode delzy = new TreeNode("删除专业信息");
            TreeNode editzy = new TreeNode("修改专业信息");
            TreeNode cxzy = new TreeNode("查询专业信息");
            TreeNode addcj = new TreeNode("增加成绩信息");
            TreeNode delcj = new TreeNode("删除成绩信息");
            TreeNode editcj = new TreeNode("修改成绩信息");
            TreeNode cxcj = new TreeNode("查询成绩信息");
     //把叶子节点放到树干上
            student.Nodes.Add(addstudent);
            student.Nodes.Add(delstudent);
            student.Nodes.Add(editstudent);
            student.Nodes.Add(cxstudent);
            bj.Nodes.Add(addbj);
```

```
        bj.Nodes.Add(delbj);
        bj.Nodes.Add(editbj);
        bj.Nodes.Add(cxbj);
        kc.Nodes.Add(addkc);
        kc.Nodes.Add(delkc);
        kc.Nodes.Add(editkc);
        kc.Nodes.Add(cxkc);
        zy.Nodes.Add(addzy);
        zy.Nodes.Add(delzy);
        zy.Nodes.Add(editzy);
        zy.Nodes.Add(cxzy);
        cj.Nodes.Add(addcj);
        cj.Nodes.Add(delcj);
        cj.Nodes.Add(editcj);
        cj.Nodes.Add(cxcj);
      //设置imageList控件中显示的图片
      imageList1.Images.Add(image.FromFile("1.png"));
      imageList1.Images.Add(image.FromFile("2.png"));
      //设置TreeView1的imageList属性为imageList1
      treeView1.ImageList=imageList1;
      imageList1.ImageIndex=new Size(20,20);
     //设置treeView1控件节点的图标在imageList1控件中的索引是0
       treeView1.ImageIndex=0;
     //选择某个节点后显示的图标在imageList1控件中的索引是1
       treeView1.SelectedImageIndex=1;
```

11. ListView控件

ListView控件又称为列表视图控件，它主要用于显示带图标的项列表，其中可以显示大图标、小图标和数据。使用ListView控件可以创建类似Windows资源管理器右边窗口的用户界面。ListView控件运行的结果如图5-17所示。

（1）添加列——Columns属性，通过该属性可以添加或删除列。

（2）移除项——Items属性的RemoveAt方法或Clear方法。

（3）选择项——Selected属性。

（4）GridLines属性，设置ListView的表格是否有横线，默认值是false。

（5）启用平铺视图——View属性。

例如，需要把学生的学号、姓名、年龄、性别、学历等信息显示在ListView组件中，由于涉及数据库的操作，读者朋友需要学习完数据库和ADO.NET等相关知识再进行具体操作。具体代码如下所述。

```
    listView1.Items.Clear();
    conn = new SqlConnection("server=.;uid=sa;pwd=123;database
=stu");
    conn.Open();
    string sql = "select 学号,姓名,年龄,性别,学历 from 学生表";
    SqlDataAdapter sda = new SqlDataAdapter(sql, conn);
    DataSet ds = new DataSet();
    sda.Fill(ds);

    foreach (DataRow dr in ds.Tables[0].Rows)
    {
        string sno = dr[0].ToString();
        string sname = dr[1].ToString();
        string zye = dr[2].ToString();
        string sex = dr[3].ToString();
        string xli = dr[4].ToString();
        string[] mysubitems = { sno, sname, zye, sex, xli };
        ListViewItem myitem = new ListViewItem(mysubitems);
        listView1.Items.Add(myitem);
    }
```

图5-17　ListView运行后的结果

下列代码显示如何获取ListView控件中行和列的值。

```
listView1.Items[listView1.SelectedItems[0].Index].Text或
listView1.SelectedItems[0].SubItems[0].Text
```

12. ImageList控件

ImageList控件又称为图片存储控件，它主要用于存储图片资源，然后在控件上显示出来。ImageList控件的主要属性是Images，它包含关联控件将要使用的图片。ImageList控件的属性如表5-3所示。

表5-3 ImageList控件的属性

属性	说明
ColorDepth	获取图像列表的颜色深度
Images	获取此图像列表的ImageList.ImageCollection
ImageSize	获取或设置图像列表中的图像大小
ImageStream	获取与此图像列表关联的ImageListStreamer
Tick事件	当指定的计时器间隔已过去，而且计时器处于启用状态时发生

imageList控件一般在程序中的使用方法如下所述。

```
//设置imageList控件中显示的图片
imageList1.Images.Add(image.FromFile("1.png"));
imageList1.Images.Add(image.FromFile("2.png"));
```

13. GroupBox控件

GroupBox控件又称为分组框控件，它主要为其他控件提供分组，并且按照控件的分组来细分窗体的功能。其在所包含的控件集周围总是显示边框，而且可以显示标题，但是没有滚动条。

GroupBox控件最常用的是Text属性，用来设置分组框的标题。例如，下面的代码用来为GroupBox控件设置标题“租赁凭证基本信息”，界面如图5-18所示，代码如下所述。

```
groupBox1.Text = "租赁凭证基本信息";
```

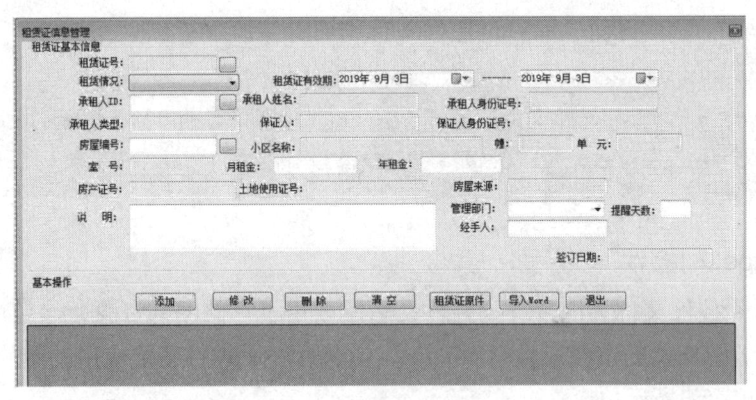

图5-18　GroupBox控件

14. Timer控件

Timer控件又称为计时器控件，它可以定期引发事件，时间间隔的长度由其Interval属性定义，其属性值以毫秒为单位。若启用了该控件，则每个时间间隔引发一次Tick事件，开发人员可以在Tick事件中添加要执行的代码。Timer控件的属性如图5-4所示。

表5-4　Timer控件的属性

成员	说明
Enabled属性	获取或设置计时器是否正在运行
Interval属性	获取或设置在相对于上一次发生的Tick事件，引发Tick事件之前的时间（以毫秒为单位）
Start方法	计时器开始启动
Stop方法	计时器停止计时
Tick事件	当指定的计时器间隔已过去而且计时器处于启用状态时发生

案例6

设计一个窗体说明定时器的使用方法。

（1）设计界面，如图5-19所示。

图5-19　设计界面

（2）事件过程，在窗体加载事件下完成如下程序代码。

```
timer1.Start();
timer1.Interval = 1000;
```

在计时器控件的Tick事件下完成如下程序代码。由于文本框中显示的是字符串内容，而DateTime.Now返回的是日期时间型数据，所以需要通过Convert函数进行转换。具体代码如下所述。

```
label1.Text = Convert.ToString(DateTime.Now);
```

程序运行结果如图5-20所示。

图5-20　运行结果

5.3 菜单、工具栏与状态栏

5.3.1　菜单

菜单控件使用MenuStrip控件来表示，它主要用来设计程序的菜单栏。C#中的MenuStrip控件支持多文档界面、菜单合并、工具提示和溢出等功能，开发人员可以通过添加访问键、快捷键、选中标记、图像和分隔条来增强菜单的可用性和可读性，如图5-21所示。

图5-21　菜单

5.3.2 工具栏

工具栏控件使用ToolStrip控件来表示，在Windows窗体中，工具栏控件一般放在菜单控件下面，如图5-22所示。

图5-22 工具栏

5.3.3 状态栏

状态栏控件使用StatusStrip控件来表示，它通常放置在窗体的最底部，用于显示窗体上一些对象的相关信息，或者可以显示应用程序的信息。例如，在状态栏的第四个位置显示日期信息，代码如下所述。

```
toolStripStatusLabel4.Text ="系统日期:"+DateTime.Now.ToString().Substring(0, 4) + "年" + DateTime.Now.ToString().Substring(5, 1) + "月" + DateTime.Now.ToString().Substring(7, 2) + "日";
```

状态栏控件如图5-23所示。

图5-23 状态栏控件

5.3.4 动态增加选项卡控件

控件tabControl是实现动态增加选项卡，当一个页面放不下要显示的内容时，或者需要分类显示时都可以通过tabControl控件来实现。tabControl控件中使用最多的就是tabPages属性，通过该属性可以完成选项卡的添加、删除和修改。如图5-24所示，该图有两个选项卡，一个是“颜色”选项，一个是“字体设置”选项，用户可以根据实际需要从两个选项卡中选择其中一个，这样在一个Windows窗体中实现了两个不同的页面布局。

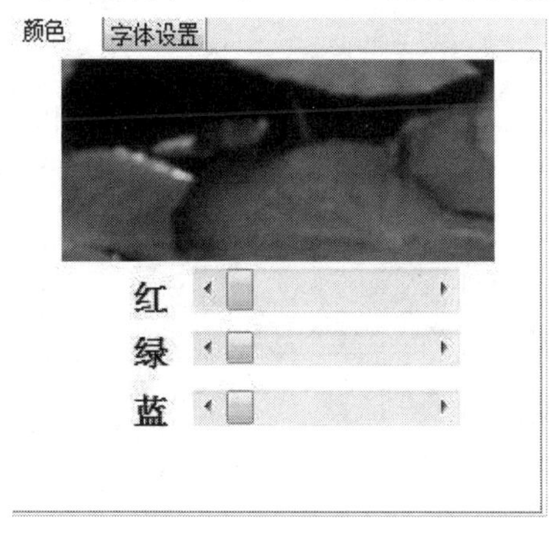

图5-24 选项卡控件

5.4 对话框

5.4.1 消息对话框

消息对话框主要是向用户显示与应用程序相关的信息以及来自用户的请求信息。在.NET框架中，使用MessageBox类表示消息对话框，通过调用该类的Show方法可以显示消息对话框。该函数有4个参数，默认情况下第一参数必须有，其他三个参数是可选的。第一个参数是消息框的提示信息，第二个参数为消息框的标题信息，第三个参数是消息框的提示按钮，第四个参数是消息框提示信息前面的图标。信息有错误信息、警告信息和询问信息等，不同信息用不同的颜色和符号表示，代码如下所述。

```
MessageBox.Show("确定要退出当前系统吗？", "警告",
MessageBoxButtons.OkCancel, MessageBoxIcon.Warning);
```

5.4.2 窗体对话框

窗体是用户设计程序外观的操作界面，根据不同的需求，可以使用不同类型的Windows窗体。根据Windows窗体的显示状态，可以分为模式窗体和非模式窗体。

1. 模式窗体

模式窗体就是使用ShowDialog方法显示的窗体。它在显示时，如果作为当前窗体，其他窗体则不可用。只有将模式窗体关闭之后，才可以操作其他窗体。

```
MainForm frm = new MainForm();
frm.ShowDialog();
```

2. 非模式窗体

非模式窗体就是使用Show方法显示的窗体，一般的窗体都是非模式窗体。非模式窗体在显示时，如果有多个窗体，用户可以单击任何一个窗体，被单击的窗体将立即成为激活窗体并显示在屏幕的最前面。

```
MainForm frm = new MainForm();
frm.Show();
```

5.4.3 对话框控件

1. “打开”对话框控件

OpenFileDialog控件表示一个通用对话框，用户可以使用此对话框来指定一个或多个要打开的文件的文件名。“打开”对话框如图5-25所示。具体代码如下所述。

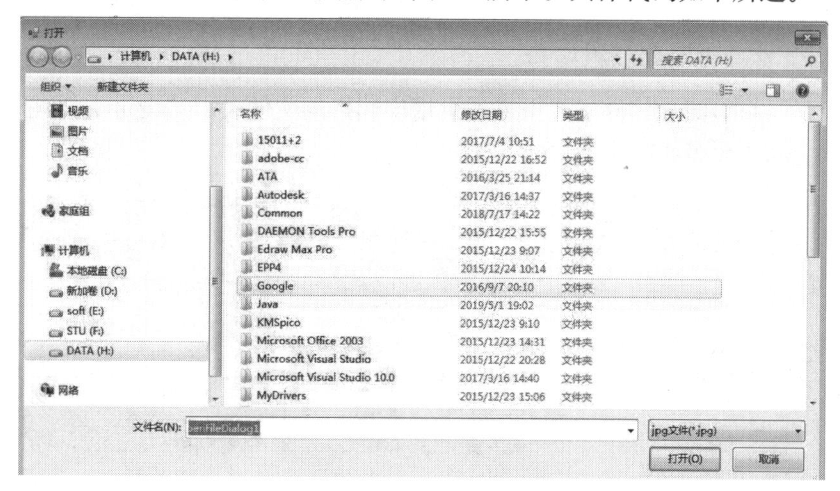

图5-25 “打开”对话框

```
openFileDialog1.InitialDirectory = "H:\\";
openFileDialog1.Filter = "jpg文件(*.jpg)|*.jpg|gif文件(*.gif)|*.gif|jpeg文件(*.jpeg)|*.jpeg";
openFileDialog1.ShowDialog();
```

2. “另存为”对话框控件

SaveFileDialog控件表示一个通用对话框，用户可以使用此对话框来指定一个文件另存为的文件名。“另存为”对话框如图5-26所示。具体代码如下所述。

图5-26 “另存为”对话框

```
saveFileDialog1.InitialDirectory = "H:\\";
saveFileDialog1.Filter = "jpg文件(*.jpg)|*.jpg|gif文件(*.gif)|*.gif|jpeg文件(*.jpeg)|*.jpeg";
saveFileDialog1.ShowDialog();
```

3. “浏览文件夹”对话框控件

FolderBrowserDialog控件主要用来提示用户选择的文件夹。“浏览文件夹”对话框如图5-27所示。具体代码如下所述。

```
FolderBrowserDialog1.ShowNewFolderButton = false;
if (FolderBrowserDialog1.ShowDialog() == DialogResult.OK)
{
    textBox1.Text = FolderBrowserDialog1.SelectedPath;
}
```

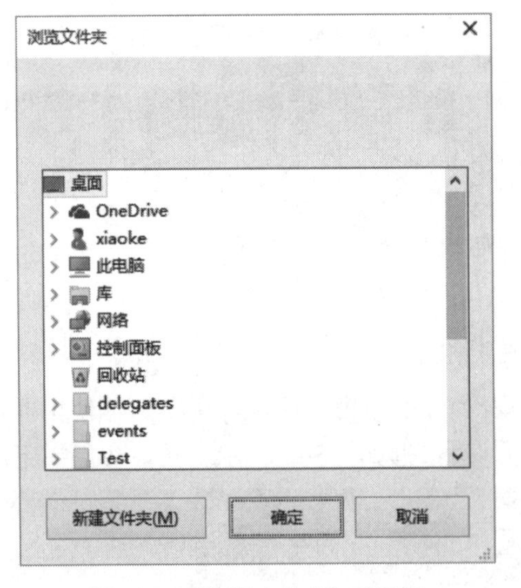

图5-27 “浏览文件夹”对话框

4. “颜色”对话框控件

ColorDialog控件表示一个通用对话框，用来显示可用的颜色，并允许用户自定义颜色。“颜色”对话框如图5-28所示。具体代码如下所述。

```
ColorDialog1.ShowDialog();
label1.ForeColor = this.ColorDialog1.Color;
```

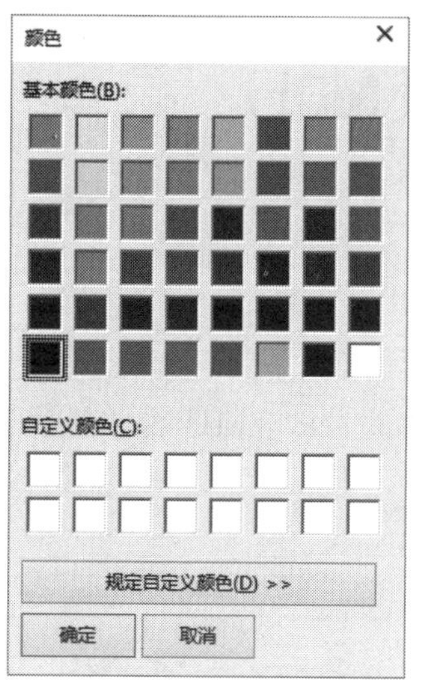

图5-28 “颜色”对话框

5. “字体”对话框控件

FontDialog控件用于系统上公开安装的字体。默认情况下，在“字体”对话框中将显示字体、字形和字号大小的列表框，还显示删除线和下划线的复选框，还显示了脚本（脚本是指给定字体可用的不同字符脚本）的下拉列表以及字体外观示例。“字体”对话框如图5-29所示。具体代码如下所述。

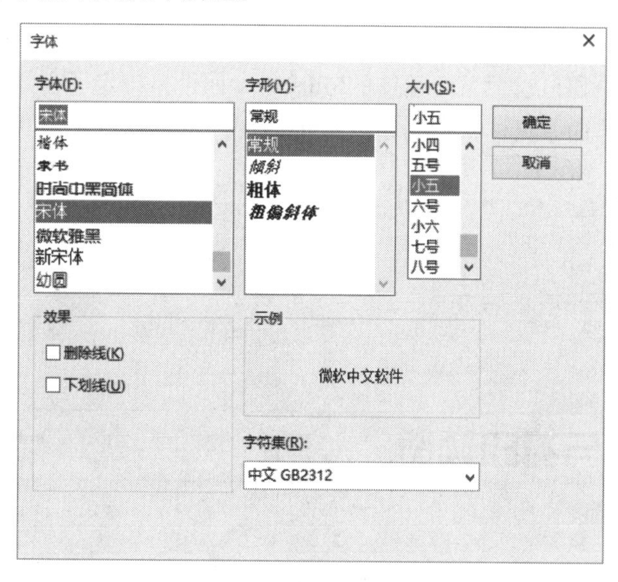

图5-29 “字体”对话框

```
FontDialog1.ShowDialog();
label1.Font = this.FontDialog1.Font;
```

5.5 多文档界面（MDI）

5.5.1 MDI窗体的概念

多文档界面简称MDI窗体，主要用于同时显示多个文档，像Windows操作系统的组策略一样，每个文档显示在各自的窗口中。MDI窗体包含子菜单的窗口菜单，用于在窗口或文档之间进行切换。

5.5.2 设置MDI窗体

在MDI窗体中，容器内的窗体被称之为“父窗体”，放在父窗体中的其他窗体被称为“子窗体”。当多文档窗体应用程序启动时，首先会显示父窗体。所有的子窗体都在父窗体中打开，父窗体中可以在任何时候打开多个子窗体。每个多文档窗体应用程序只能有一个父窗体，其他子窗体不能移出。

1. 设置父窗体

如果要设置某个窗体为父窗体，只要在窗体的属性页面中将IsMdiContainer属性设置为True就可以。

2. 设置子窗体

设置完父窗体，通过设置某个窗体的MdiParent属性来确定子窗体。例如，将chiForm窗体设置成当前窗体的子窗体，代码如下所述。

```
chiForm frm2 = new chiForm();
frm2.Show();
frm2. MdiParent = this;
```

5.6 打印与打印预览

5.6.1 PageSetupDialog组件

PageSetupDialog组件主要用于打印页面的设置，方便用户打印。PageSetupDialog组件具体包含允许用户设置页面边框、调整页边距、页眉、页脚以及设置页面是纵向打印还是横向打印等。具体设置代码如下所述。

```
pageSetupDialog1.Document = printDocument1;
```

```
//启用页边距设置
pageSetupDialog1.AllowMargins = true;
//设置对话框的方向部分，是纵向还是横向
pageSetupDialog1.AllowOrientation = true;
//设置对话框的纸张，允许使用
pageSetupDialog1.AllowPaper = true;
//启用"打印机"按钮
pageSetupDialog1.AllowPrinter = true;
//显示打印"页面设置"对话框，进行相应的打印页面设置
pageSetupDialog1.ShowDialog();
```

5.6.2 PrintDialog组件

PrintDialog组件用于选择打印机、要打印的页面以及确定其他与打印相关的设置。通过PrintDialog组件可以选择全部打印、打印选定的页面范围或打印选定的内容等，具体代码如下所述。

```
printDialog1.Document=printDocument1; //设置操作文档
printDialog1.AllowCurrentPage=true; //显示"当前页"按钮
printDialog1.AllowSelection=true; //启用"选择"按钮
printDialog1.AllowSomePages=true; //启用"页"按钮
printDialog1.ShowDialog(); //显示"打印"对话框
```

5.6.3 PrintPreviewDialog组件

PrintPreviewDialog组件用于显示文档打印后的外观，其中包含打印、放大、显示一页或多页以及关闭此对话框的按钮。PrintPreviewDialog组件的常见属性和方法有Document属性和ShowDialog方法，其中Document属性用于设置要预览的文档，而ShowDialog方法用来显示打印预览对话框。

例如，设置PrintPreviewDialog组件的Document属性为printDocument1，并显示打印预览对话框，具体代码如下所述。

```
printPreviewDialog1.Document = this.printDocument1; //设置预览文档
printPreviewDialog1.ShowDialog(); //使用ShowDialog方法，显示预览窗口
```

5.6.4 PrintDocument组件

PrintDocument组件用于设置打印的文档，在应用程序中常用到的是该组件的PrintPage事件和Print方法。PrintPage事件在需要将当前页打印输出时发生，而Print方法则用于开始文档的打印进程。设计一个Windows打印窗口，如图5-30所示。

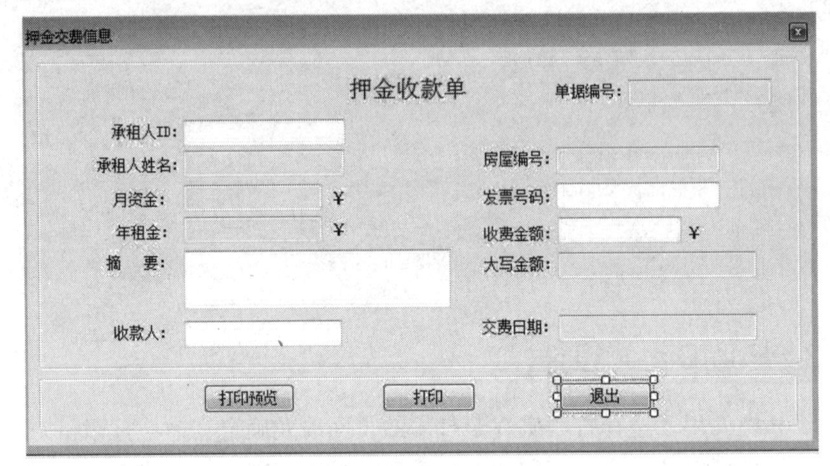

图5-30　Windows打印窗口

本章总结

本章主要对Windows应用程序开发的知识进行了详细讲解，包括Windows窗体、常用的Windows控件、菜单、工具栏、状态栏、对话框、MDI多文档界面以及打印相关的应用。本章所讲解的内容在开发Windows应用程序时是最基础、最常用的，尤其是Windows窗体以及Windows控件的使用，读者一定要熟练掌握。

练习与实践

【选择题】

1．在WinForm编程中设置启动窗口在哪个文件中设置？（　）

A．program.cs　　B．program.dll　　C．program.designer　　D．program.txt

2．WinForm中以模式方式显示窗体是哪个方法？（　）

A．Show()　　B．ShowDialog()　　C．Hide()　　D．Close()

3．在C#编程中，让控件可用或不可用是设置控件的哪个属性？(　)

A．Visible　　B．Enabled　　C．Ascroll　　D．Size

4．单选按钮或多选按钮是否被选中是哪个属性？(　)

A．Enabled　　B．Checked　　C．Focus()　　D．Change()

5．多文档窗体也叫（　）?

A．SDI　　B．MDI　　C．IDE　　D．Wform

6．WinForm中设置窗体，在运行后屏幕中央的属性是（　）?

A．DOCK　　B．LEFT　　C．StartPosition　　D．Center

【问答题】

1．简述Timer的主要作用。

2．ListView控件中可以设置哪几种视图显示方式?

3．如何为菜单设置快捷键?

4．什么是MDI窗体，它与传统的SDI窗体有什么区别，如何进行创建?

【实训任务一】

Windows组件的应用	
项目背景介绍	使用Timer组件实现一个简单的倒计时程序，按照下图来实现其功能。
参照图	Form1 当前系统时间：10:53:13 倒计时设置 设置时间： 11 时 30 分 0 秒 停止 倒计时已设置，剩余2207秒
实训记录	
教师考评	评语： 辅导教师签字：

【实训任务二】

Windows组件的应用	
项目背景介绍	完成人事登录窗口的设计与制作，参照下图来制作。
参考图	  企业人事管理系统 用户名： 密　码： 验证码：Hi8y　看不清 确定（S）　退出（X） 人事管理 基础信息管理　员工信息管理　人事管理　备忘记录　数据库管理　工具管理　系统管理　帮助 人事资料查询　员工资料浏览　员工考勤管理　员工奖惩管理　员工信息统计　通讯录　日常记事　退出系统 民族类型管理 职工类型管理 职称类型管理 部门类型管理 工资类型管理 员工信息管理 员工信息管理 员工考勤管理 员工培训管理 员工奖惩管理 人事管理 人事档案浏览 人事资料浏览 人事资料统计 系统数据统计 数据统计 备忘记录管理 日常记事 通讯录 数据库管理 备份/还原数据库 数据清空 工具箱 系统管理 帮助 企业人事管理系统 合作、团结、创新 责任高于一切，成功源于付出 专业、严细、高效、创新 天空QQ：573481369 版权：2010-2012 欢迎使用企业人事管理系统　当前登陆用户：leiqianlin　当前时间：2010-10-19 9:51:36　天空设计 QQ:573481369
实训记录	
教师考评	评语： 辅导教师签字：

第6章

文件IO

本章导读

在程序开发过程中，文件IO是经常用到的。例如，访问文件系统、读取或写入文件、移动或复制文件或浏览文件夹以便检查其中的所有文件。本章节除了对路径、目录、文件及其相关类进行了介绍外，还介绍了目录和文件对话框。

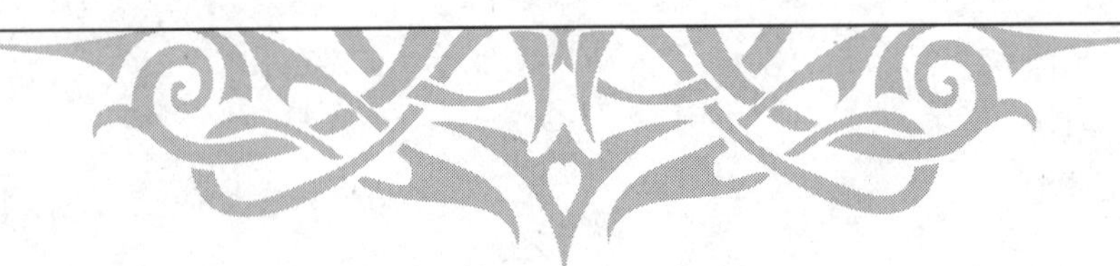

学习目标

- 理解System.IO相关知识
- 掌握路径、目录和文件及相关类
- 掌握流和数据存取的方法及相关类
- 掌握二进制文件的读写

技能要点

- 如何读取ini文件
- 能熟练运用File类、Path类、Directory类、FileStream类、BinaryWriter类、BinaryReader类的相关属性与方法

实训任务

- 使用BinaryWriter类和BinaryReader类读写二进制文件
- 如何制作记事本

6.1 文件和System.IO

6.1.1 文件和System.IO模型概述

计算机文件是以计算机硬盘为载体，存储在计算机上的信息集合。文件可以是文本文件、图片或者程序等。

文件是在软件开发、运行维护中使用的有关资料，通常可以长久保存。文件是计算机软件的重要组成部分。在软件产品开发或研制过程中，以书面形式固定下来的用户需求、在开发周期中各阶段产生的说明、系统分析人员作出的决策及其依据、遗留的问题和进一步改进的方向，以及最终软件开发完成后使用的手册和操作说明等，都记录在各种形式的文件中。

6.1.2 System.IO模型

System.IO命名空间是C#对文件和数据流进行操作时必须要引用的一个命名空间，该命名空间包含允许读写文件和数据流，这些操作可以同步进行也可以异步进行。

1. 什么是System.IO模型

System.IO命名空间提供了一个面向对象的方法来访问文件系统。System.IO中提供了很多针对文件、文件夹的操作功能，特别是以文件流、字节流、内存流等流的形式对各种数据进行访问的方法。这种访问方式不但灵活，而且可以保证编程接口的统一。

2. 文件编码

文件编码也称为字符编码，用于指定在处理文本时如何表示字符。一种编码是否优于另一种编码，主要取决于它能处理或不能处理哪些语言字符，通常首选的编码是Unicode。

3. C#的文件流

C#用文件流实现文件的输入、输出操作，例如，读取文件信息、向文件写入信息。文件操作主要包含对二进制文件和文本文件的读写。

6.2 文件与目录类

6.2.1 File类

File类支持对文件的基本操作，它提供的方法都是静态的，在实际使用过程中可以直接调用，而不需要实例化类。File类的方法包括创建、删除、复制、移动和打开文件，并协助创建FileStream对象。File类的方法如表6-1所示。

表6-1 File类的方法

方法	说明
Create	在指定路径中创建文件
Copy	将现有文件复制到新文件
Exists	判断指定的文件是否存在
GetCreationTime	返回指定文件或目录的创建日期和时间
GetLastAccessTime	返回上次访问指定文件或目录的日期和时间
GetLastWriteTime	返回上次写入指定文件或目录的日期和时间
Move	将指定文件移到新位置，并提供指定新文件名的选项
Open	打开指定路径上的FileStream
OpenRead	打开现有文件进行读取
OpenText	打开现有UTF-8编码文本文件进行读取
OpenWrite	打开现有文件进行写入

6.2.2 FileInfo类

FileInfo类和File类之间许多方法的调用都是相同的，但是FileInfo类没有静态方法。如果要用到相关的方法或属性，则必须实例化对象。FileInfo类的属性如表6-2所示。

表6–2 FileInfo类的属性

属性	说明
CreationTime	获取或设置当前FileSystemInfo对象的创建时间
DirectoryName	获取表示目录的完整路径的字符串
Exists	获取表示文件是否存在的值
Extension	获取表示文件扩展名部分的字符串
FullName	获取目录或文件的完整目录
Length	获取当前文件的大小
Name	获取文件名

6.2.3 Directory类和DirectoryInfo类

1. Directory类

Directory类用于文件夹的操作，如复制、移动、重命名、创建和删除等，另外，也可将其用于获取和设置与目录的创建、访问及写入操作相关的DateTime信息。Directory类的方法如表6-3所示。

表6–3 Directory类的方法

方法	说明
CreateDirectory	创建指定路径中的文件夹
Delete	删除指定的文件夹
Exists	确定所给路径是否引用自磁盘上的现有文件夹
GetCreationTime	获取文件夹的创建日期和时间
GetCurrentDirectory	获取应用程序的当前工作文件夹
GetDirectories	获取指定文件夹中子文件夹的名称
GetFiles	返回指定文件夹中的文件的名称
GetParent	检索指定路径的父文件夹，包括绝对路径和相对路径
Move	将文件或文件夹及其内容移到新位置
SetCreationTime	为指定的文件或文件夹设置创建日期和时间

2. DirectoryInfo类

DirectoryInfo类和Directory类之间的关系与FileInfo类和File类之间的关系十分类似。

DirectoryInfo类的属性如表6-4所示。

表6-4　DirectoryInfo类的属性

属性	说明
Attributes	获取或设置当前FileSystemInfo对象的FileAttributes
CreationTime	获取或设置当前FileSystemInfo对象的创建时间
Exists	获取指定文件夹是否存在的值
FullName	获取文件夹或文件的完整路径
Parent	获取指定子文件夹的父文件夹
Name	获取DirectoryInfo实例的名称

6.2.4　Path类和DriveInfo类

1. Path类

Path类用于对包含文件或文件夹的路径信息的String实例的操作，这些操作是以跨平台的方式执行的。Path类的方法如表6-5所示。

表6-5　Path类的方法

方法	说明
ChangeExtension	更改路径字符串的扩展名
Combine	将字符串数组或者多个字符串组合成一个路径
GetFileName	返回指定路径字符串的文件名和扩展名
TotalFreeSpace	获取驱动器上可用空间的总量
WriteTimeout	获取或设置一个值，该值确定流在超时前尝试写入多长时间

2. DriveInfo类

DriveInfo类用于提供对有关驱动器的信息的访问。使用DriveInfo类可以确定哪些驱动器可用，以及这些驱动器的类型，还可以通过查询来确定驱动器的容量和可用空间。DriveInfo类的属性如表6-6所示。

表6-6　DriveInfo类的属性

属性	说明
DriveType	获取驱动器的类型
Name	获取驱动器的名称
RootDirectory	获取驱动器的根目录
TotalFreeSpace	获取驱动器上可用空间的总量
WriteTimeout	获取或设置一个值，该值确定流在超时前尝试写入多长时间

DriveInfo类最主要的一个方法是GetDrives方法，该方法用来检索计算机上所有逻辑驱动器的名称。

6.3 数据流基础

6.3.1 流操作类介绍

1. 流操作

流中包含的数据可能来自内存、文件或TCP/IP套接字。流包含以下几种可应用于自身的基本操作。

（1）读取：将数据从流传输到数据结构中（如字符串或字节数组）。

（2）写入：将数据从数据源传输到流中。

（3）查找：查询和修改在流中的位置。

2. 流的类型

在.NET Framework中，流用Stream类来表示，该类构成了所有其他流的抽象类。不能直接创建Stream类的实例。C#中有许多类型的流，但在处理文件输入或输出时，最重要的类型为FileStream类，它提供写入和读取文件的方式。在处理文件输入或输出时，使用的其他流主要包括BufferedStream、MemoryStream和NetworkStream等。

6.3.2 文件流

C#中，文件流使用FileStream类表示，它表示在磁盘或网络路径上指向文件的流。使用FileStream类可以产生文件流，以便对文件进行读取、写入、打开和关闭操作。

FileStream默认对文件的打开方式是同步的，但它同样很好地支持异步操作。FileStream类的属性如表6-7所示。

表6-7 FileStream类的属性

属性	说明
Length	获取用字节表示的流长度
Name	获取传递给构造函数的FileStream的名称
Position	获取或设置此流的当前位置
ReadTimeout	获取或设置一个值，该值确定流在超时前尝试读取多长时间
WriteTimeout	获取或设置一个值，该值确定流在超时前尝试写入多长时间

FileStream类的常用方法如表6-8所示。

表6-8　FileStream类的方法

方法	说明
Close	关闭当前流并释放与之关联的所有资源
Lock	允许读取访问的同时防止其他进程更改FileStream
Read	从流中读取字节块，并将该数据写入指定的缓冲区中
ReadByte	从文件中读取一个字节，并将读取位置提升一个字节
Seek	将该流的当前位置设置为指定值
SetLength	将该流的长度设置为指定值
Unlock	允许其他进程访问以前锁定的某个文件的全部或部分
Write	将从缓冲区读取的数据字节块写入该流

6.3.3　文本文件与二进制文件的读写

1. 文本文件的读写

文本文件的读取与写入主要是通过StreamReader类和StreamWriter类来实现。

使用StreamWriter类写入数据的过程：首先通过File类的OpenWrite方法建立一个写入文件流，然后通过StreamWriter的Write或者WriteLine方法将C#控件中的数据写入到该文件流中。具体过程如图6-1所示。

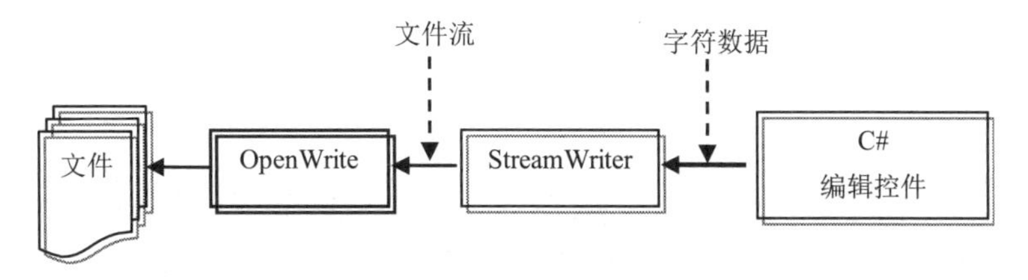

图6-1　文本文件的读写过程

StreamReader类是用来读取文本文件的类，它提供了许多用于读取和浏览字符数据的方法。StreamReader类以一种特定的编码从字节流中读取字符。

使用StreamReader类读取数据的过程：首先通过File的OpenRead方法建立一个读取文件流，然后通过StreamReader类的方法将文件流中的数据读到C#控件中。具体过程如图6-2所示。

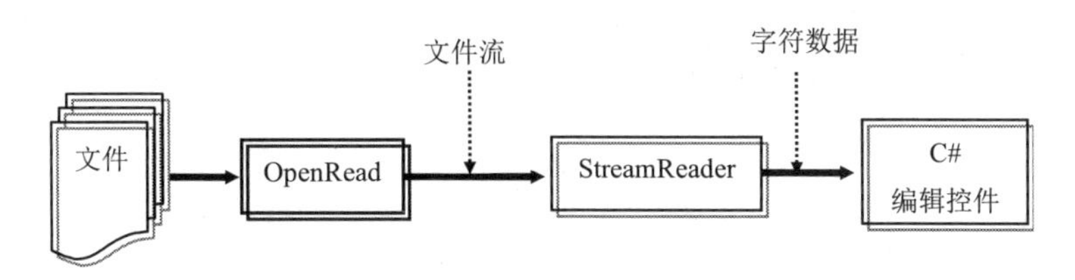

图6-2　StreamReader类读取数据的过程

案例1

设计一个如图6-3所示的窗体，用于将一个文本框中的数据写入到MyTest1.txt文件中，并在另一个文本框中显示这些数据。

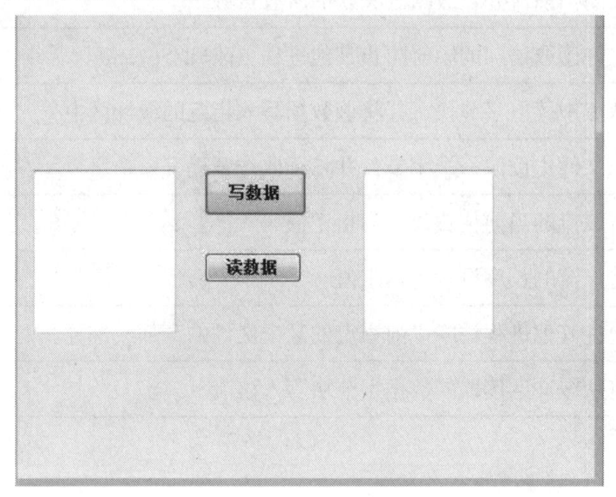

图6-3 窗体

具体代码如下所述。

```
public partial class Form1 : Form
{
    string path = "e:\\MySql.txt";
```

在按钮1“写数据”的单击事件下编写如下代码。

```
        {
            if (File.Exists(path))   //存在该文件时删除
                File.Delete(path);
            else
            {
                FileStream myfs = File.OpenWrite(path);
                StreamWriter mysw = new StreamWriter(myfs);
                mysw.WriteLine(textBox1.Text);
                mysw.Close();
                myfs.Close();
                button2.Enabled = true;
            }
        }
```

在窗体加载事件Load下执行的代码如下所述。

```
{
    textBox1.Text ="";
    textBox2.Text ="";
    button1.Enabled = true;
    button2.Enabled = false;
}
```

在按钮2“读数据”的单击事件下编写如下代码。

```
{
    string str="";
    FileStream myfs=File.OpenRead(path);
    StreamReader mysr=new StreamReader(myfs);
    while (mysr.Peek()>-1)
        str = str + mysr.ReadLine() + "\r\n";
    mysr.Close();
    myfs.Close();
    textBox2.Text =str;
}
```

输出结果如图6-4所示。

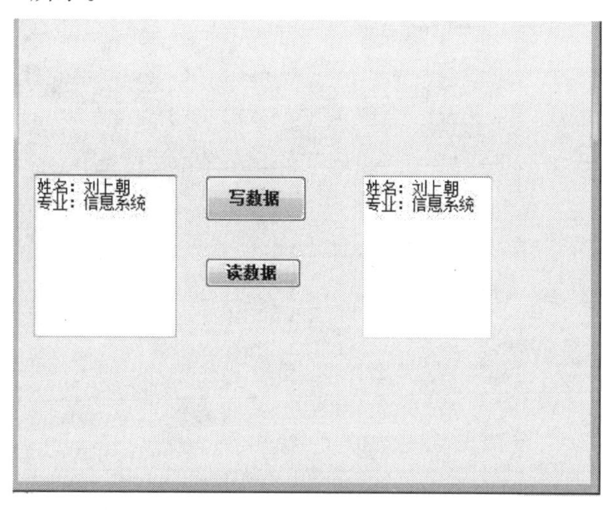

图6-4　数据写入文本文件中

2. 二进制文件的读写

二进制文件的写入与读取主要是通过BinaryWriter类和BinaryReader类来实现的。

（1）BinaryWriter类以二进制形式将基元类型写入流，并支持用特定的编码写入字符串。

（2）BinaryReader类用特定的编码将基元数据类型读作二进制值。

案例2

设计如图6-5所示的窗口，通过BinaryWriter和FileStream向Test.data文件写入一些整数数据。

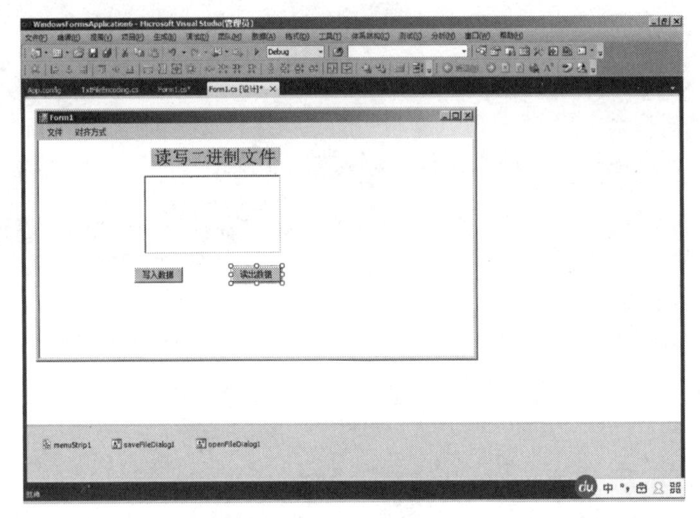

图6-5　写入二进制文件

在按钮1“写入数据”的单击事件下编写如下代码。

```
{
    string filename = "test.data";
    if (File.Exists(filename))
    {
        textBox1.ForeColor = Color.Red;
        textBox1.Text = "当前文件已经在试用";
    }
    FileStream fs = new FileStream(filename, FileMode.Create);
    BinaryWriter bw = new BinaryWriter(fs);
    for (int i = 0; i < 100; i++)
    {
        bw.Write(i);
    }
    textBox1.Text = "数据写入完成";
    bw.Close();
    fs.Close();
}
```

在按钮2“读出数据”的单击事件下编写如下代码。

```
{
            string filename ="test.data";
            string strdata="";
            if (!(File.Exists(filename)))
            {
                label1.Text ="当前文件不存在！ ";
            }
            FileStream fs=new FileStream(filename,FileMode.
Open,FileAccess.Read);
            BinaryReader br=new BinaryReader(fs);
            for(int i=0；i<100；i++)
            {
              strdata=strdata+br.ReadInt32().ToString();
            }
           textBox1.Text=strdata;
           label1.ForeColor = Color.Red;
           label1.Text = “读取数据成功!”;
           br.Close();
           fs.Close();
}
```

运行结果如图6-6所示。

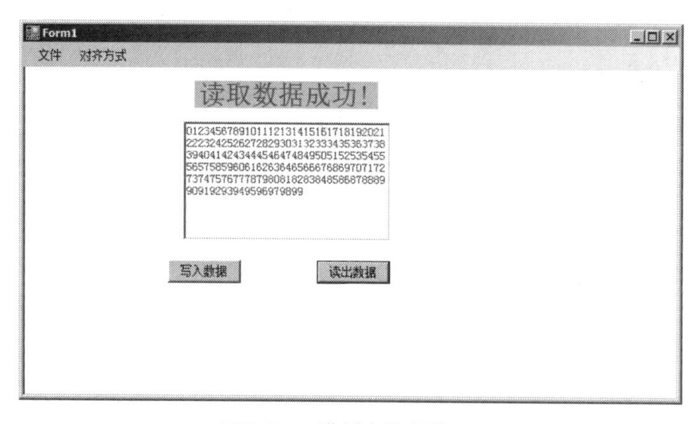

图6-6　二进制文件的读写

本章总结

本章主要对C#中的文件操作技术进行了详细讲解。程序中对文件进行操作及读写数据流时主要用到System.IO命名空间下的各种类。本章在讲解时，首先对文件进行了简单描述，然后对System.IO命名空间及包含的文件、目录类进行了重点讲解。

文件操作是程序开发中经常遇到的一类操作，在学习完本章后，应该能够熟练掌握文件及数据流操作的相关知识，并能在开发实践中熟练运用这些知识，实现对文件及数据流进行各种操作。

练习与实践

【选择题】

1．根据文件的存取方式，可以分为（　）。

A．顺序文件　B．随机文件　C．二进制文件　D．文本文件

2．在C#中进行文件读写需要引入的命名空间名称是（　）。

A．System.Data　B．System.IO　C．System.Net　D．System.WinForm

3．在.NET Framework中，流由（　）类来表示。

A．File　B．Binary　C．Path　D．Stream

4．C#中二进制文件的读写是通过（　）来实现。

A．BinaryWriter　B．FileInfo　C．BinaryReader　D．FileStream

5．对有关驱动器信息的访问，通过哪个类来实现？（　）

A．Path　B．DriveInfo　C．Directory　D．FileInfo

【问答题】

1．如何对文本文件进行读写操作?

2．简述Directory类和DirecotyInfo类的区别。

3．说出获取本地磁盘启动器的两种方法。

【实训任务一】

文件读取	
项目背景介绍	使用BinaryWriter类和BinaryReader类来读写二进制文件。要求如下： 使用BinaryWriter类和BinaryReader类的相关属性和方法实现向二进制文件中写入和读取数据的功能。
设计任务概述	在默认窗体中添加一个SaveFileDialog控件、一个OpenFileDialog控件、一个TextBox控件和两个Button控件。其中，SaveFileDialog控件用来显示“另存为”对话框；OpenFileDialog控件用来显示“打开”对话框；TextBox控件用来输入要写入二进制文件的内容和显示选中二进制文件的内容；Button控件一是用来打开“另存为”对话框并执行二进制文件写入操作，二是用来打开“打开”对话框并执行二进制文件的读取操作。
实训记录	
教师考评	评语： 辅导教师签字：

【实训任务二】

C#中制作记事本	
项目背景介绍	编写一个记事本程序，提供文件新建、打开、保存以及退出程序等功能。界面如下图所示。
参照图	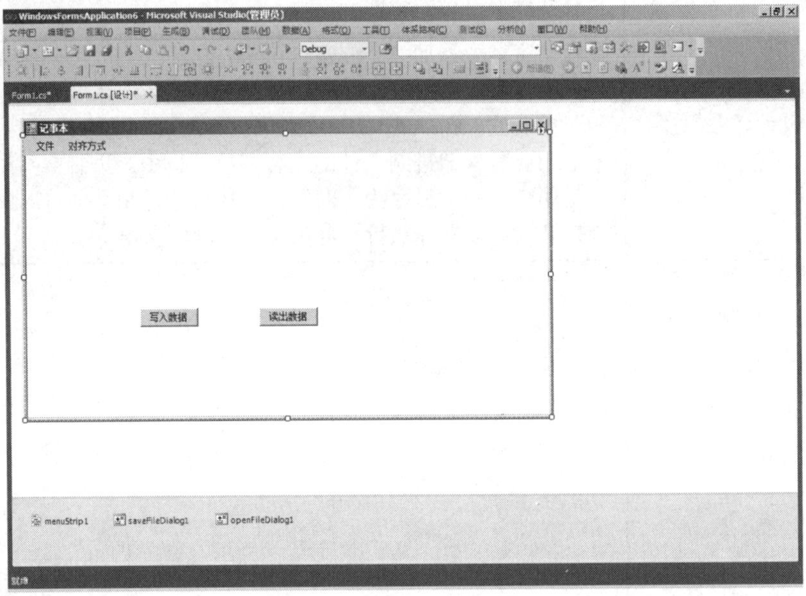
实训记录	
教师考评	评语： 辅导教师签字：

第7章

网络编程

本章导读

计算机网络实现了多台计算机的互联，网络应用程序就是在已经连接的不同计算机上运行程序，这些程序相互之间可以交换数据。编写网络应用程序，必须先明确其要使用的网络协议，TCP/IP协议是网络应用程序的首选。C#作为一种编程语言，提供了对网络编程的全面支持，例如开发人员可以通过C#开发局域网聊天程序，本章将全面讲解网络编程方面的相关知识。

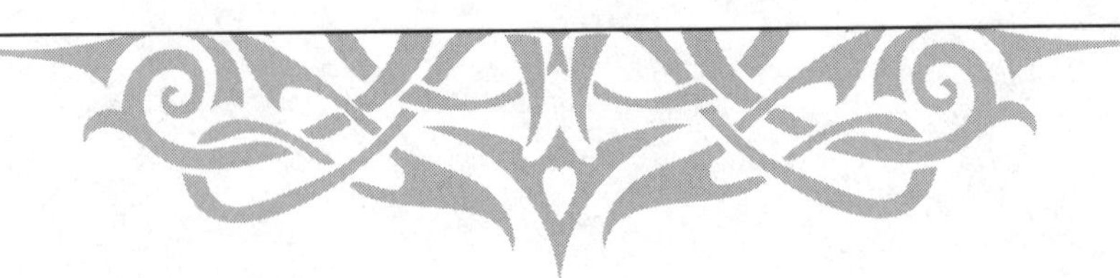

学习目标

- 掌握常见的几种网络协议
- 掌握端口及套接字
- 理解并掌握System.Net命名空间下主要类的使用方法
- 理解并掌握System.Net.Sockets命名空间下主要类的使用方法
- 理解并掌握System.Net.Mail命名空间下主要类的使用方法

技能要点

- Dns类的相关属性及方法的运用
- IPAddress类的相关属性及方法的运用
- WebClient类的相关属性及方法的运用
- Socket类的相关属性及方法的运用
- TcpClient类和TcpListener类的相关属性及方法的运用
- UdpClient类的相关属性及方法的运用
- MailMessage类的相关属性及方法的运用

实训任务

- 使用C#制作一个点对点的聊天程序，该程序把本机作为服务器，将信息发送给对方

7.1 计算机网络基础

7.1.1 局域网与因特网介绍

计算机网络是计算机技术与通信技术紧密结合的产物，为了实现两台计算机之间的通信，必须要有一条网络线路连接两台计算机，如图7-1所示。

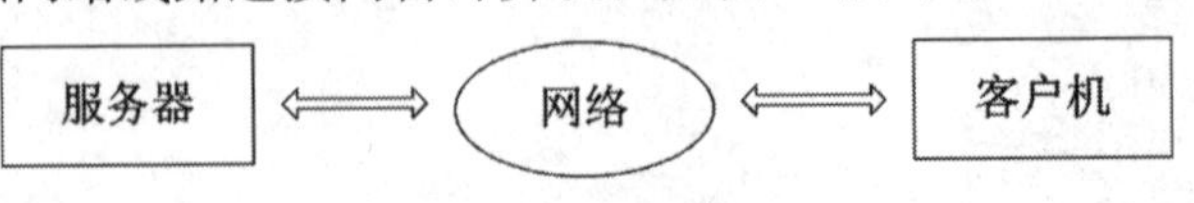

图7-1 计算机网络

7.1.2 网络协议

计算机网络是由多个互连的结点组成的，结点之间需要不断地进行数据交换。要进行数据交换，每个结点就必须遵守一些事先约定好的规则，这些为网络数据交换而制定的规则、约定与标准被称为网络协议。

1. TCP/IP协议

IP其实是Internet Protocol的简称，在Internet网上存在数以亿计的主机，每一台主机在网络上通过为其分配的Internet地址表示自己，这个地址就是IP地址。IP地址用4个字节，也就是32位的二进制数来表示，称为IPv4，用6个字节的称为IPv6。

TCP协议可提供两台计算机间可靠的数据传送。TCP可以保证数据从一端传送至另一端时，数据能够准确送达，而且送达的排列顺序和送出时的顺序相同。TCP/IP协议的应用如图7-2所示。

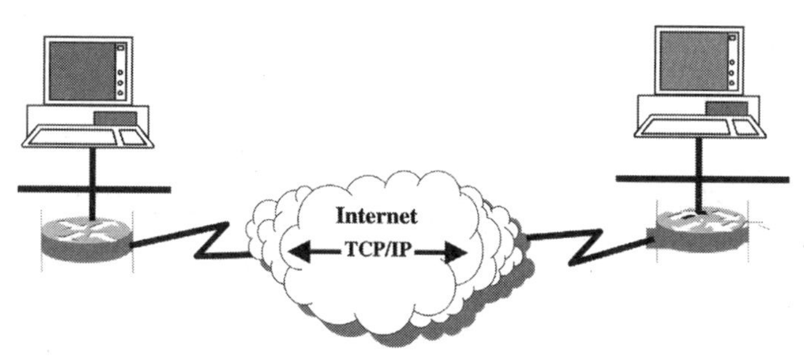

图7-2 TCP/IP协议

TCP/IP是现在因特网上最流行的协议，利用TCP/IP可以迅速且方便地创建一个网络。

2. TCP/IP各层的主要功能

TCP/IP各层的结构，如图7-3所示。

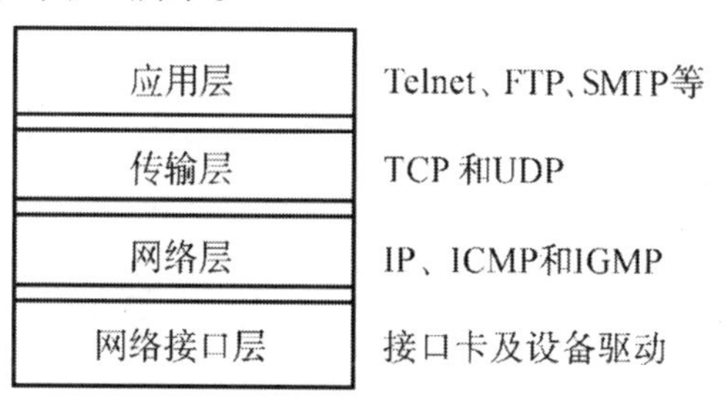

应用层	Telnet、FTP、SMTP等
传输层	TCP 和UDP
网络层	IP、ICMP和IGMP
网络接口层	接口卡及设备驱动

图7-3 TCP/IP协议各层结构

1）网络接口层

网络接口层有时也称作数据链路层或链路层。它们参与处理电缆的物理接口连接的细节。

2）网络层

网络层有时也称作互联网层，处理分组在网络中的活动。

3）传输层

传输层主要为两台主机上的应用程序提供端到端的通信。

4）应用层

应用层负责处理特定的应用程序细节。

3. UDP协议

UDP是无连接通信协议，UDP协议适用于那些对数据准确性要求不高的场合。例如聊天室、在线影片等。

4. POP3协议

POP（Post Office Protocol，邮局协议）协议用于电子邮件的接收，现在常用的是第3版，所以称为POP3。通过POP3协议，客户机登录到服务器后，可以对自己的邮件进行删除或是下载到本地。

7.1.3 端口与套接字

一台计算机只有单一的连接到网络的物理连接，所有的数据都通过此连接对内或对外送达到特定的计算机，这就需要用到端口。端口并非真实的物理存在，而是一个假想连接装置。端口被规定为一个0～65535之间的整数。大家熟悉的HTTP是80端口，SQL Server是1433，Oracle是1521，FTP是21等。假如一台计算机提供了HTTP和FTP，安装了SQL Server等，则客户端将通过不同的端口来确定连接到服务器的那项服务，如图7-4所示。

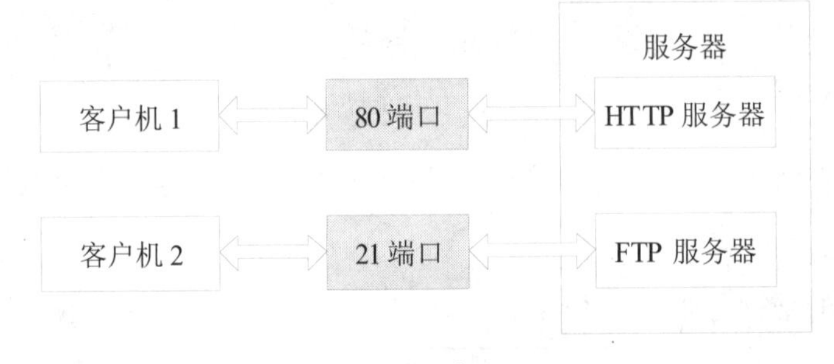

图7-4　端口

网络程序中的套接字用于将应用程序与端口连接起来。套接字是一种假想的连接装置，就像用于连接电器与电线的插座，如图7-5所示。

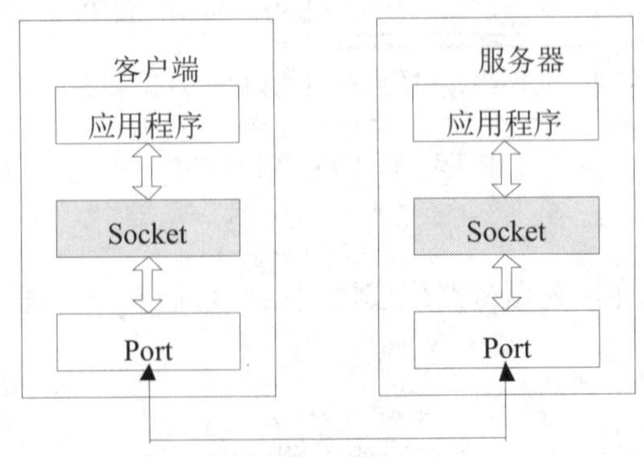

图7-5　套接字

7.2 网络编程基础

使用C#进行编程时，通常需要用到System.Net、System.Net.Sockets和System.Net.Mail的命名空间。这几个命名空间系统不会自动生成，需要在编写程序时由程序开发人员手工引入。

7.2.1 System.Net命名空间及相关类的使用

System.Net命名空间为当前网络上使用的多种协议提供了简单的编程接口，而它所包含的IP类、IPAddress和DNS类是整个网络编程的基础。

1. DNS类

DNS是一个静态类，通常叫域名解析服务，就是把域名地址转换成IP地址的服务。

案例1

在Windows窗体中添加TextBox控件和Button控件。TextBox控件分别用于输入主机IP地址、本地主机名称和DNS主机名，Button控件用于调用Dns类中的方法来获得主机IP地址、本地主机名和DNS主机名，并显示在相应文本框中，具体程序代码如下所述。

```
namespace xx
{
    public partial class DnsForm : Form
    {
        public DnsForm()
        {
            InitializeComponent();
        }
        private void button1_Click(object sender, EventArgs e)
        {
            if (textBox1.Text="")
            {
                MessageBox.Show("请输入要访问的主机地址！");
            }
            else
            {
                textBox2.Text =" ";
                //获取指定主机IP地址
              IPAddress[] ipa = Dns.GetHostAddresses(textBox1.
Text);
```

```
  //循环访问获得的IP地址

                textBox3.Text =Dns.GetHostName();
                //根据指定的主机名称获取DNS信息
                textBox2.Text = Dns.GetHostByName(Dns.
GetHostName()).HostName;
            }
        }
    }
}
```

程序运行结果如图7-6所示。

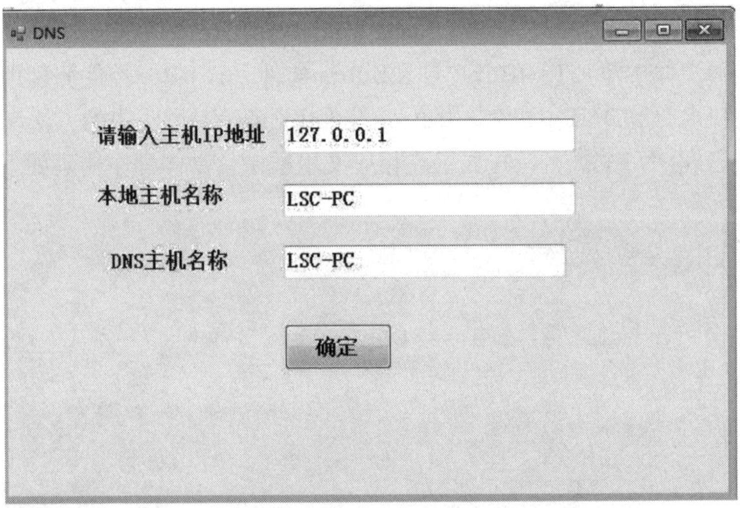

图7-6　DNS类的运行结果

2. IPAddress类

IPAddress类包含计算机在IP网络上的地址，主要用来提供IP地址。

案例2

在Form1中添加一个TextBox控件、一个Button控件和一个Label控件。TextBox控件用来输入主机的网络地址或IP地址，Button控件用来调用IPAddress类中的属性来获取指定主机的IP地址信息，Label控件用来显示获得的IP地址信息。

具体代码如下所述。

```
Label2.Text ="";
//获取指定主机IP地址
IPAddress[] ipa = Dns.GetHostAddresses(textBox1.Text);
```

```
    //循环访问获得的IP地址
                foreach (IPAddress ip in ipa)
                {
                    Label2.Text="网络地址："+ip.Address+"\nIP地址
的地址族："+ip.AddressFamily.ToString();
                }
```

程序运行后，输出的结果如图7-7所示。

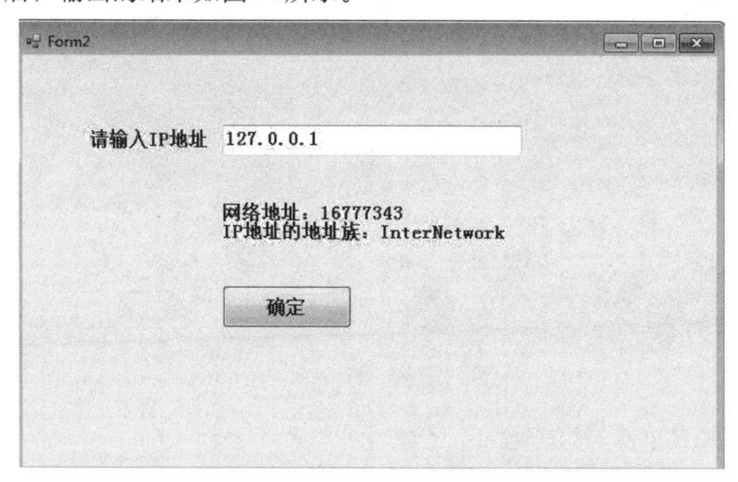

图 7-7 IPAddress类的运行结果

7.2.2 System.Net.Sockets命名空间及相关类的使用

System.Net.Sockets命名空间主要提供网络应用程序的Sockets相关类，其中Sockets类、TcpClient类、TcpListener类和Udpclient类较为常用，下面分别对其进行详细介绍。

1. Sockets类

Sockets类为网络通信提供了一套丰富的方法和属性，主要用于网络连接，实现端口套接字编程。Sockets类允许执行异步和同步数据传输。应用程序在执行期间使用的是面向连接的协议，服务器可以使用Listener方法侦听连接。

2. TcpClient类和TcpListener类

TcpClient类用于在同步模式下调用网络来连接、发送和接收流数据。

TcpListener类用于同步模式下侦听和接收传入的连接请求。可使用TcpClient类或Sockets类来连接TcpListener，并且可以使用IPEndPoint、本地IP地址及端口号，或者仅使用端口号来创建TcpListener实例对象。

案例3

创建一个Windows应用程序，在窗体上放置一个文本框，命名为txtSendMsg；放置一个按钮，命名为发送；放置一个列表框，命名为lstReceiveMsg。文本框用来输入聊天的内容，LsitBox控件用来显示内容。

设计界面如图7-8所示。

图7-8　设计界面

（1）窗体加载事件下的代码如下所述。

```
try{
                // 随机数
                Random ex = new Random();
                int nn = ex.Next(1, 100);
                //初始化回调
                showReceiv = new ShowReceiv(AddMsgTol);
                //创建并从新实例化IP终结点
                   IPEndPoint ipEndPoint = new
IPEndPoint(IPAddress.Parse("127.0.0.1"), 80);
                //实例化TCP客户端
                myTcpClient = new TcpClient();
                //发起TCP连接
                myTcpClient.Connect(ipEndPoint);
                //获取绑定的网络数据流
                ns = myTcpClient.GetStream();
                //实例化接收消息线程
                ReceivMsgThread = new Thread(ReceiveMsg);
                ReceivMsgThread.Start();
```

```
                lstReceiveMsg.Visible = true;
                txtSendMsg.Visible = true;
                label1.Visible = true;
                btnSendMsg.Visible = true;
            }
            catch (SystemException)
            {
            MessageBox.Show("连接失败,请检查服务器IP或者端口号是否正确
", "错误提示", MessageBoxButtons.OK, MessageBoxIcon.Exclamation);
                this.Close();
            }
            catch (Exception xx)
            {
                MessageBox.Show(xx.Message);
            }
```

（2）接收消息线程的方法，代码如下所述。

```
    private void ReceiveMsg()
    {
        while (true)
        {
            try
            {
                //获取数据
                byte[] getData = new byte[1024];
                ns.Read(getData, 0, getData.Length);
                //转化成字符串形式
                string msg = Encoding.Default.GetString(getData);
                //将收到的消息添加到列表中
                lstReceiveMsg.Invoke(showReceiv, msg);
                  lstReceiveMsg.SetSelected(lstReceiveMsg.Items.
Count - 1, true);
            }
            catch (ThreadAbortException)
            {
                break;
```

```
            }
            catch (Exception ex)
            {
                MessageBox.Show(ex.Message);
                //释放系统资源
                if (ns != null)
                {
                    ns.Dispose();
                }
                break;
            }
        }
    }
```

（3）添加消息到列表的被委托的方法，代码如下所述。

```
    private void AddMsgTol(string text)
    {
        lstReceiveMsg.Items.Add(text);
    }
```

（4）按钮事件程序代码如下所述。

```
if (txtSendMsg.Text == "请输入消息：")
{
            MessageBox.Show("请输入你要发送的内容：", "温馨提示",
MessageBoxButtons.OK, MessageBoxIcon.Exclamation);
}
            else if (txtSendMsg.Text == "")
{
            MessageBox.Show("消息不能为空", "温馨提示",
MessageBoxButtons.OK, MessageBoxIcon.Exclamation);
}
            else
{
                byte[] SendData;
                        SendData = Encoding.Default.
```

```
GetBytes(rr+"("+qidong.id+"):" + txtSendMsg.Text);
                ns.Write(SendData, 0, SendData.Length);
            lstReceiveMsg.Items.Add(wo+":"+txtSendMsg.Text);
                txtSendMsg.Clear();
                txtSendMsg.Focus();
                  lstReceiveMsg.SetSelected(lstReceiveMsg.
Items.Count - 1, true);
          }
```

程序运行的结果如图7-9所示。

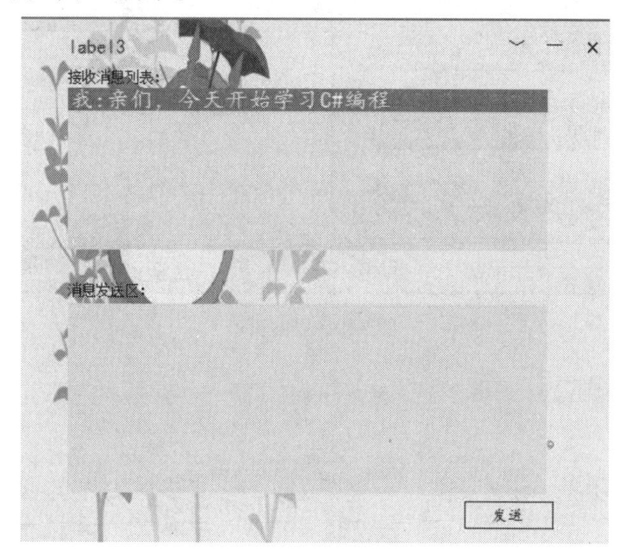

图7-9　TcpListener类的运行结果

3. UdpClient类

UDP（User Datagram Protocol）协议属于用户传输协议，它是一种无连接的协议。无连接协议就是不保证传输到目的地址的数据是否完整。

用C#实现UDP协议，使用频率比较高，最为重要的类是UdpClient。UdpClient位于命名空间System.Net.Sockets中，C#发送和接收UDP数据包都是通过UdpClient类。UdpClient类中的常用方法如表7-1所示，其属性如表7-2所示。

表7-1　UdpClient类的常用方法

方法	说明
Close	与UDP 的连接关闭
Connect	建立与远程主机的连接
Receive	返回已由远程主机发送的UDP数据报文
Send	将UDP数据报文发送到远程主机

表7-2 UdpClient类的属性

属性	说明
Active	获取或设置一个值，该值表示是否已建立了与远程主机的连接
Client	获取或设置基础网络套接字

案例4

创建一个Windows应用程序，在窗体上放置三个文本框、一个按钮和一个富文本框（RichTextBox），RichTextBox控件用来显示接受到的信息。

界面窗口设计如图7-10所示。

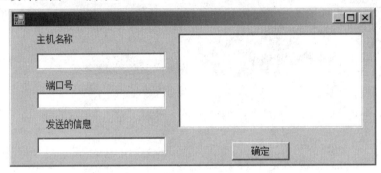

图7-10 界面窗口

具体代码如下所述。

```
namespace xx
{
public partial class webclient : Form
{
    public webclient()
    {
       InitializeComponent();
    }
    private void button1_Click(object sender, EventArgs e)
    {
             richTextBox1.Text ="";
             //创建UdpClient对象
             UdpClient udpc = new UdpClient(Convert.
ToInt32(portBox.Text));
             //调用udpClient对象的Connect方法建立默认的远程主机
              udpc.Connect(hostBox.Text, Convert.
ToInt32(portBox.Text));
```

```
//定义一个字节数组，用来存放发送到远程主机的信息
 Byte[] sendb = Encoding.Default.GetBytes(infoBox.Text);
 //调用udpClient对象的Send方法将UDP数据报发送到远程主机
udpc.Send(sendb, sendb.Length);
//创建IPEndPont对象，用来显示响应主机的标识
IPEndPoint ipe = new IPEndPoint(IPAddress.Any, 0);
//调用UdpClient对象的Receive方法获得从远程主机返回的UDP数据报
 Byte[] receBytes = udpc.Receive(ref ipe);
//将获得的UDP数据报转换为字符串形式
string rdata = Encoding.Default.GetString(receBytes);
richTextBox1.Text = "接收到的信息: "+rdata.ToString();
 //使用IPEndPoint对象的Address和port属性获得相应主机的IP地址和端
口号
 richTextBox1.Text = richTextBox1.Text+"\n这条信息来自主机"+
ipe.Address.ToString() + "上的" + ipe.Port.ToString() + "端口";
udpc.Close();
        }
    }
}
```

程序运行后，结果如图7-11所示。

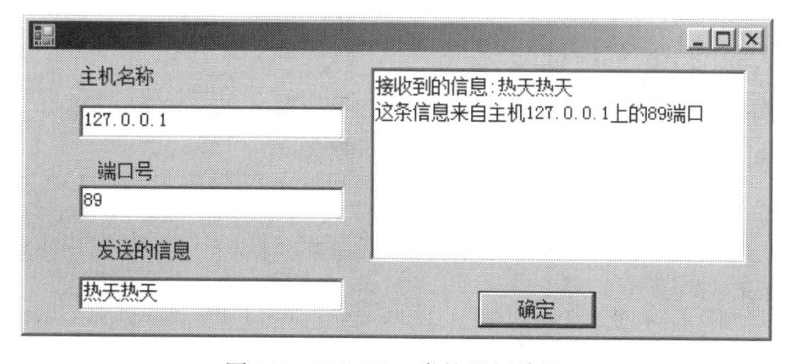

图7-11　UdpClient类的运行结果

7.2.3　System.Net.Mail命名空间及相关类的使用

System.Net.Mail命名空间包含用于将电子邮件发送到简单邮件传输协议服务器进行传送的类。MailMessage类用来表示邮件内容，Attachment类用来创建邮件附件，SmtpClient类将电子邮件传输到指定的主机上，下面对相关类进行详细讲解。

1. MailMessage类

MailMessage使用SmtpClient类将电子邮件传输到SMTP服务器。若要指定电子邮件的

发件人、收件人和内容，请使用MailMessage类的关联属性。MailMessage类的属性如表7-3所示。

表7-3 MailMessage类的属性

邮件部分	属性
发件人	From
收件人	To
抄送 (CC)	CC
密件抄送 (BCC)	Bcc
附件	Attachments
主题	Subject
邮件正文	Body

2. Attachment类

Attachment类在实际编程中经常与MailMessage类一起配合使用。除了正文外，还可以发送附件。若要将附件添加到邮件中，则需要将附件添加到MailMessage-Attachments集合中。附件内容一般是字符串、文件流或字节流，也可以是文件名称。

3. SmtpClient类

SmtpClient类用于将电子邮件发送到SMTP服务器。

若要使用SmtpClient类发送电子邮件，必须指定以下信息。

（1）用来发送电子邮件的SMTP主机服务器。

（2）身份验证凭据，一般通过Credentials属性设置。

（3）发件人的电子邮件地址。

（4）邮件内容。若要在电子邮件中发送附件，首先使用Attachment类创建附件，再使用MailMessage.Attachments属性将附件添加到邮件中。

提示

如果正在传输电子邮件时调用SendAsync或Send，则会接收到InvalideOperation Exception异常的消息。

下面通过案例5讲解C#语言中System.Net.Mail命名空间类的属性及方法。

案例5

新建一个winform窗体，放置一个按钮，通过按钮事件发送邮件。

具体代码及解释如下所述。

```
namespace xx
{
    public partial class webclient : Form
    {
```

```
        private void button1_Click(object sender, EventArgs e)
        {
            try
            {
                string jl ="简历.txt";
                //设置邮件发送人
                 MailAddress source = new MailAddress("lschao@
sina.cn");
                //设置邮件接收人
                MailAddress md = new MailAddress("lschao@sina.
cn");
                 MailMessage message = new MailMessage(source,
md);
                message.Subject = "简历发送测试";
                message.Body = "邮件正文";
                //为要发送的邮件创建附件信息
                  Attachment fj = new Attachment(file, System.
Net.Mime.MediaTypeNames.Application.Octet);
                //为附件添加时间信息
                     System.Net.Mime.ContentDisposition cd =
fj.ContentDisposition;
                     cd.CreationDate = System.IO.File.
GetCreationTime(jl);
                     cd.ModificationDate = System.IO.File.
GetLastWriteTime(jl);
                      cd.ReadDate = System.IO.File.
GetLastAccessTime(jl);
                //将创建的附件添加到邮件中
                message.Attachments.Add(fj);
                //创建SmtpClient邮件发送对象
                SmtpClient client=new SmtpClient("smtp邮件服务ip
地址", 25);
               client.Credentials = new NetworkCredential("lsc.
com", "xxxxxx");//smtp用户名密码
                client.EnableSsl = true; //启用ssl
                //发送邮件
                client.Send(message);
                MessageBox.Show("发送成功!");
            }
```

```
        Catch(Exception ex)
        {
           MessageBox.Show(ex.Message);
        }
        }
    }
  }
```

本章总结

本章主要讲解了使用C#进行网络编程的知识。首先对计算机网络基础进行了简单介绍，然后重点讲解了使用C#进行网络编程时用到的System.Net、System.Net.Sockets和System.Net.Mail命名空间下的类，并通过实例演示了各个类的使用方法。通过本章的学习，读者应对计算机网络基础有所了解，并能熟练掌握C#网络编程的知识及如何开发C#网络应用程序。

练习与实践

【选择题】

1．（　）协议通过数据包依次排列，以进行数据的可靠性传递。

A．IP协议　B．TCP协议　C．UDP协议　D．SOAP协议

2．（　）是特定机器上已编号的套接字。

A．套接字　B．流　C．文件　D．端口

3．TcpClient类和TcpListener类均包含在（　）命名空间下。

A．System.NetWork.Stream　B．System.Net.Stream

C．System.Net.Sockets　D．System.Net.Tcp

4．（　）控件向应用程序添加浏览、查看文件和下载的数据功能。

A．WebClient　B．WebBrowser　C．WebServer　D．DataBrowser

5．（　）类封装与服务器的连接、发送请求和连接响应。

A．WebRequest　B．WebResponse　C．WebServer　D．WebClient

6．下列协议中无连接的协议是（　）。

A．TCP　B．UDP　C．IP　D．SMTP

7．C#中支持邮件发送的类是（　）。

A．Attachment　B．WebClient　C．Mail　D．UdpClient

【问答题】

1．如何实现邮件的发送?

2．通常使用哪几种方法来侦听是否有传入的连接请求?

3．通过什么类可以向邮件添加附件?

4．UDP协议的工作原理是什么?

【实训任务】

用C#完成聊天程序	
项目背景介绍	网络的飞速发展使得信息的交流速度和方式发生了很大的变化，先根据所学的C#知识和网络知识编写一个聊天程序，界面如下图所示。
参照图	客服端连接记录 listClient 消息列表 listMsg 清空消息框 用户在线列表： 刷新 服务端设置 服务器IP： 端口： 3600 启动服务 关闭服务
实训记录	
教师考评	评语： 辅导教师签字：

第8章

多线程编程

本章导读

本章讲解了什么是线程，当程序同时执行多个任务时，就是所谓的多线程程序。多线程应用广泛，开发人员可以使用多线程对要执行的操作分段执行，这样可以大大提高程序的运行速度和性能。本章将对C#中的多线程编程进行详细讲解。

学习目标

- 理解线程的概念
- 理解.NET中线程的属性和方法
- 创建和使用线程，理解线程的特点、优点及使用场合

技能要点

- 掌握线程操作中Start()、Suspend()、Abort()、Join()等方法的运用
- 掌握线程同步中Lock关键字和Monitor关键字的运用

实训任务

- 在局域网中扫描IP地址，为了使计算机不出现假死机现象，利用多线程来完成IP的扫描

8.1 线程概述

每个正在运行的应用程序都是一个进程，一个进程可以包括一个或多个线程。本节将对线程进行介绍。

8.1.1 多线程工作方式

线程是进程中可以并行执行的程序段，它可以独立占用处理器时间片，同一个进程中的线程可以共用进程分配的资源和空间。多线程的应用程序可以在“同一时刻”处理多项任务。

进程就好像一个公司，公司中的每个员工就相当于线程，公司想要运转就必须要有负责人，负责人就相当于主线程。

默认情况下，系统为应用程序分配一个主线程，该线程在执行程序中以Main方法开始和结束，其代码格式如下所述。

```
[STAThread]
static void Main()
{
    Application.EnableVisualStyles();
    Application.SetCompatibleTextRenderingDefault(false);
```

```
        Application.Run(new MyForm());
    }
```

提示　在以上代码中，Application类的Run方法用于在当前线程上开始运行标准应用程序，并使指定的窗体可见。

8.1.2　何时使用多线程

多线程就是同时执行多个线程，实际上，处理器每次都只会执行一个线程，只不过这个时间非常短，因此，当执行完一个线程后，再次选择下一个线程的过程几乎不被人发觉。这种几乎不被发觉的同时执行多个线程的过程就是多线程处理。

8.2　线程的基本操作

在C#中对线程进行操作时，主要用到了Thread类，该类位于System.Threading命名空间下。通过使用Thread类，可以对线程进行创建、暂停、恢复、休眠、终止以及设置优先级等操作。本节将对Thread类及线程的基本操作进行详细讲解。

8.2.1　线程的执行

System.Threading命名空间提供一些可以进行多线程编程的类和接口。具体结构如图8-1所示。

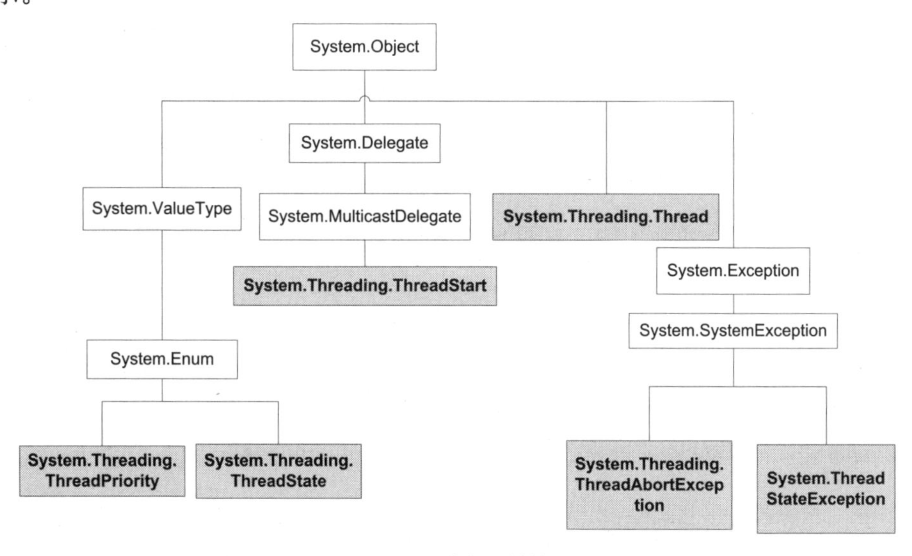

图8-1　线程的结构

Thread类主要用于创建线程、控制线程、设置线程优先级并获取其状态。创建一个线程非常简单，只需将其声明同时为其提供开始执行的方法即可。线程中常用的属性和方法分别如表8-1和表8-2所示。

表8-1　Thread类的常用属性

属性	说明
CurrentThread	获取当前正在运行的线程
Name	获取线程名称
Priority	获取或设置一个值，该值指示线程的调度优先级

表8-2　Thread类的常用方法

方法	说明
Abort	调用此方法通常会终止线程
Join	阻止调用线程，直到某个线程终止为止
ResetAbort	取消为当前线程请求的Abort
Resume	继续已挂起的线程
Sleep	将当前线程设置为指定的休眠毫秒数
Start	线程执行
Suspent	挂起线程，如果线程已经挂起则不起作用

Start方法有两种重载形式，下面分别介绍。

（1）导致操作系统将当前实例的状态更改为ThreadState.Running。代码格式如下所述。

```
public void Start ()
```

（2）使操作系统将当前实例的状态更改为ThreadState.Running，并提供线程执行方法需要使用的数据对象。

```
public void Start (Object parameter)
```

parameter表示一个对象，提供线程执行的方法要使用的数据。

提示

如果线程已经终止，就无法通过再次调用Start方法来重新启动。

案例1

创建一个控制台应用程序，先定义一个静态的void类型方法sk()，然后在Main方法中通过创建Thread类来创建一个新的线程，最后调用Start方法启动该线程。具体代码如下所述。

```
{class Program
 {static void Main(string[] args)
    {
         Thread objTOne = new Thread(new ThreadStart(sk));
         objTOne.Start();
    }
    static void sk()
    {
         for (int count = 1; count <= 10; count++)
            Console.WriteLine(count * 2);
      }
    }
}
```

程序运行结果如图8-2所示。

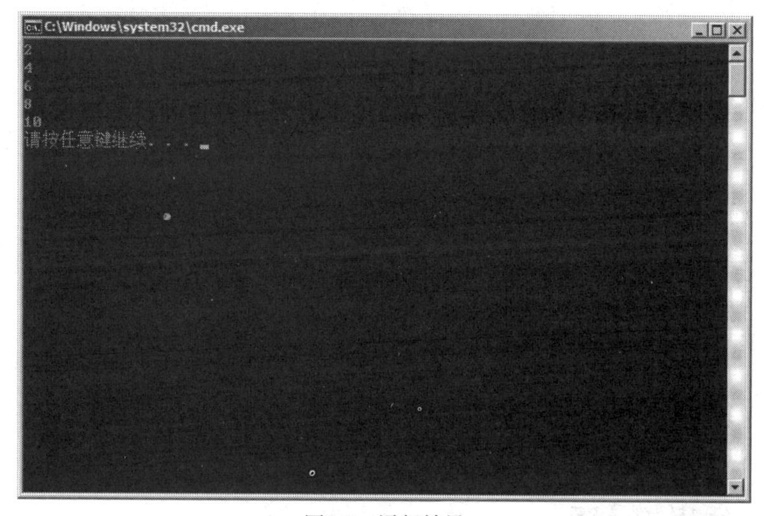

图8-2　运行结果

8.2.2　线程的挂起与恢复

创建完一个线程并启动之后，还可以挂起、恢复、休眠或终止它。本节主要对线程的挂起与恢复进行讲解。线程的挂起与恢复分别可以通过调用Thread类中的Suspend方法和Resume方法实现。

案例2

创建一个控制台应用程序，先定义一个静态的void类型方法TaskOne()，再使用Main

方法，通过创建Thread类来创建一个新的线程，然后调用Start方法启动该线程，最后调用Suspend()方法和Resume()方法挂起和恢复创建的线程，具体代码如下所述。

```
{class Program
 {
     static void Main(string[] args)
     {
         Thread objThreadOne;
                objThreadOne = new Thread(new
ThreadStart(TaskOne));
         objThreadOne.Start();
   if(objThreadOne.ThreadState==ThreadState.Running)
   {
      objThreadOne.Suspend();
      objThreadOne.Resume();
   }
   else
   {
      Console.WriteLine(objThreadOne.ThreadState.ToString());
   }
    }
      public  static void TaskOne()
      {
         Console.WriteLine("创建一个新的线程，然后被挂起！");
      }
    }
 }
```

8.2.3 线程的休眠

线程休眠主要通过Thread类的Sleep方法来实现，该方法是将当前线程设置为指定的休眠时间。例如，使用Thread类的Sleep()方法使当前线程休眠两秒钟，代码如下所述。

```
Thread Sleep(2000);
```

8.2.4 终止线程

终止线程可以分别使用Thread类的Abort方法和Join方法实现，下面对这两个方法进行详细介绍。

1. Abort方法

Abort方法用来终止线程。

注意 由于使用Abort方法永久性地终止了新创建的线程，所以编译并运行程序后，在控制台窗口看不出任何输出结果。

2. Join方法

Join方法用来阻止调用线程，直到某个线程终止为止。下面通过案例3来说明Join的用法。

案例3

创建一个控制台应用程序，先定义一个静态的void类型方法TaskOne()，然后在Main方法中通过创建Thread类来创建一个新的线程，再调用Start方法启动该线程，最后调用Thread类的Join()方法等待线程终止。具体代码如下所述。

```
{class Program
    {
     static void Main(string[] args)
     {
         Thread objThreadOne;
         objThreadOne = new Thread(new ThreadStart(TaskOne));
         objThreadOne.Start();
         objThreadOne.Join();
     }
      public  static void TaskOne()
      {
         Console.WriteLine("创建线程，阻止调用该线程！ ");
      }
    }
}
```

注意 如果在应用程序中使用了多线程，而辅助线程还没有执行完毕，在关闭窗体时必须要关闭辅助线程，否则会引发异常。

8.2.5 线程优先级

线程的优先级是指一个线程相对于另外一个线程的相对执行顺序。就像小学时学的四则运算一样，先算什么后算什么都是有规则的，线程的优先级原理与四则运算差不多。

注意　若一个线程的优先级不影响该线程的状态，那么该线程的状态在操作系统可以调度该线程之前必须为Running。

线程的调度示意图如图8-3所示。

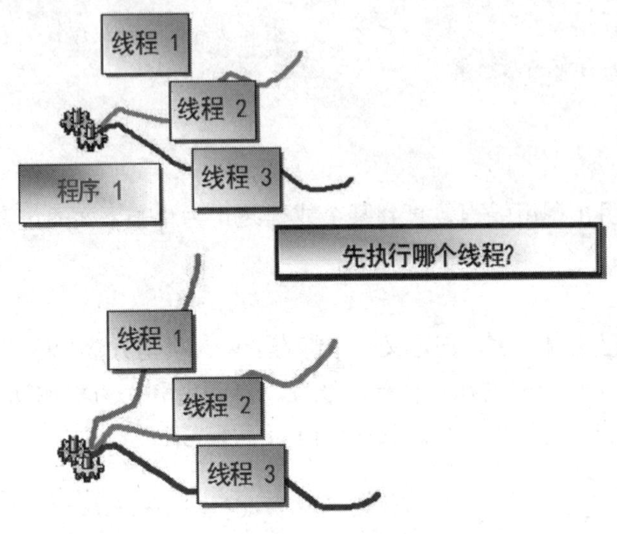

图 8-3　线程的调度示意图

线程的优先级别及说明如表8-3所示。

表8-3　线程的优先级别及说明

优先级别	说明
AboveNormal	安排在优先级为 Highest（最高）的线程之后，在优先级为 Normal（普通）的线程之前
BelowNormal	安排在优先级为 Normal（普通）的线程之后，在优先级为 Lowest（最低）的线程之前
Highest	安排在其他优先级的线程之前
Lowest	安排在其他优先级的线程之后
Normal	默认情况下，线程的优先级为 Normal（普通）

8.3 线程同步

在单个线程的程序运行过程中，每次只能完成一件事情，后面的事情要等前面的事情完成后才可以继续进行。如果使用多线程程序，就会发生两个线程抢占资源的问题。例如，如果在单行道上有两辆车同时行驶，就会导致车辆无法通过，所以在多线程编程中，需要防止这些资源访问的冲突。为此，C#提供同步机制来防止资源访问的冲突。

线程同步机制是指并发线程高效、有序地访问共享资源所采用的技术。所谓同步，是指某一时刻只有一个线程可以访问资源，只有当资源所有者主动放弃资源所有权的时候，其他线程才可以使用这些资源。线程同步技术主要用到Lock关键字和Monitor类等。

8.3.1 Lock关键字

Lock关键字可以用来确保代码块完成运行，不会被其他线程中断，它是通过在代码块运行期间为给定对象获取互斥锁来实现的，如图8-4所示。

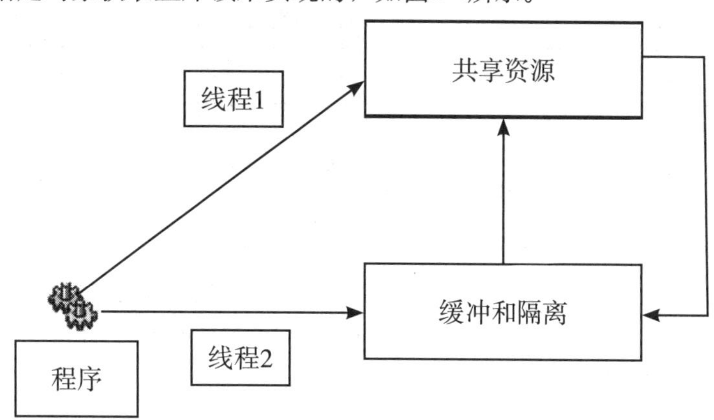

图8-4 Lock关键字的运行原理

Lock语句以关键字Lock开头，它有一个作为参数的对象，在该参数后面还有一个一次只有一个线程执行的代码块。

（1）Lock语句的语法如下所述。

```
Object  thisLock=new Object()
Lock(thisLock)
{
      //要运行的代码块
}
```

（2）Lock语句的功能：当对象被Lock锁定时，访问该对象的其他线程就会进入等待状态。

8.3.2 线程池

顾名思义，线程池就是多个线程的组合，.NET中的ThreadPool类用来提供一个线程池，该线程池可用于执行任务、处理异步文件输入或输出以及处理计时器。

每个进程都有一个线程池。从.NET Framework 4开始，进程的线程池的默认大小由虚拟地址空间的大小等多个因素决定。进程可以调用GetMaxThreads方法以确定线程的数量。使用SetMaxThreads方法可以更改线程池中的线程数。

 8.3.3 定时器

.NET中的Timer类表示定时器，用来提供以指定的时间间隔执行方法的机制。计时器的常用属性如表8-4所示。计时器的常用方法如表8-5所示。

表8–4 计时器的常用属性

属性	说明
Enabled	时钟是否可用
Interval	时钟记时周期，单位是毫秒

表8–5 计时器的常用方法

方法	说明
Start	启动时钟进行记时
Stop	停止已经启动的时钟

事件：

Tick()已经启动的时钟在规定的时刻触发的事件。

注意

Timer类最常用的方法有两个，一个是Change方法，用来更改计时器的启动时间和方法调用之间的间隔，另外一个是Dispose方法，用来释放由Timer对象使用的所有资源。

本章总结

本章首先对线程做了一个简单介绍，然后讲解了C#中线程编程的主要类Thread，并对线程编程的常用操作、线程同步与互斥，以及对线程池和定时器的使用进行了讲解。通过本章的学习，读者应该能熟练掌握并使用C#线程编程的知识，并能在实际开发中应用线程处理各种多任务问题。

练习与实践

【选择题】

1．C#中启动线程使用的命令是（ ）。

A．Suspend　B．Join　C．Sleep　D．Start

2．线程的恢复用哪个关键字？（　）

A．Abort　B．Suspend　C．Resume　D．Sleep

3．默认情况下线程的优先级是哪个？（　）

A．Highest　B．Normal　C．Lowest　D．BelowNormal

4．线程同步可以通过什么关键字来实现？（　）

A．Lock　B．Monitor　C．Rad　D．Mutex

5．线程的休眠使用哪个关键字？（　）

A．Abort　B．Suspend　C．Resume　D．Sleep

【问答题】

1．简述Monitor类和Mutex类的主要区别?

2．如何设置线程的优先级?

3．创建线程有几种方式?

4．如何将线程加入线程池?

5．简述Lock关键字的作用。

【实训任务】

多线程程序的编写	
项目背景介绍	在局域网中扫描IP地址，为了使计算机不出现假死机现象，可以利用多线程来完成IP的扫描。首先应用IPAddress类将IP地址转换成网际协议的IP地址，然后使用IPHostEntry对象加载IP地址来获取其对应的主机名。如果有主机名，则表示当前IP已被使用，并将该IP地址显示在列表中，这个过程可以通过执行子线程来完成。
参照图	使用线程扫描局域网IP地址 开始地址：192.168.1.90 结束地址：192.168.1.100 停止 192.168.1.90->WIN-MC9KPBPUQ4B 192.168.1.96->LH-PC 192.168.1.97->XIAOKE
实训记录	
教师考评	评语： 辅导教师签字：

第9章

数据库与SQL

本章导读

本章主要讲述在SQL Server中创建、删除、修改数据库及数据库对象（表）的语句和数据操纵语句、查询语句。本章重点讲述的是数据库文件的组成，表结构的创建，SQL Server中的数据类型、数据定义、数据操纵和查询语句的应用等。

学习目标

- 掌握创建、删除、修改数据库及数据库对象
- 掌握数据类型，表结构的创建、删除、修改语句
- 掌握并理解SQL Server的数据控制语句和权限分配
- 掌握数据查询语句的应用
- 掌握数据的插入、删除和修改

技能要点

- 数据定义语句create、drop、alter等语句的应用
- 数据操作语句和数据查询语句insert into、delete、update和select语句的应用
- SQL Server中常用数据类型的应用

实训任务

- 日期函数综合应用
- 多表联合查询语句的应用

9.1 使用SQL语句创建和删除数据库

数据库的创建方法很多，在管理工具中直接通过鼠标点击就可以轻松地创建数据库。本章主要通过SQL语句的方法来创建数据库。

9.1.1 SQL Server数据库的基础知识

数据库文件分为数据文件和日志文件。数据文件由数据页组成，每个数据页的大小为8k，若干个相互连接的数据页构成了数据文件。

（1）主要数据文件：文件扩展名为mdf，在SQL Server数据库中只能有一个主要数据文件。

（2）次要数据文件：文件扩展名为ndf，在SQL Server数据库中次要数据文件可以有，也可以没有，可以有一个次要数据文件，也可以有多个次要数据文件。

（3）日志文件：文件扩展名为ldf，由日志记录组成，SQL Server数据库中至少要有一个日志文件。

9.1.2　数据库的属性

数据库的属性包括文件存放位置、分配初始空间、属于哪个文件组。

文件增长设置，可以按百分比或实际大小指定增长速度。

文件容量设置，可以指定文件增长的最大值或不受限。

“数据库属性”对话框如图9-1所示。

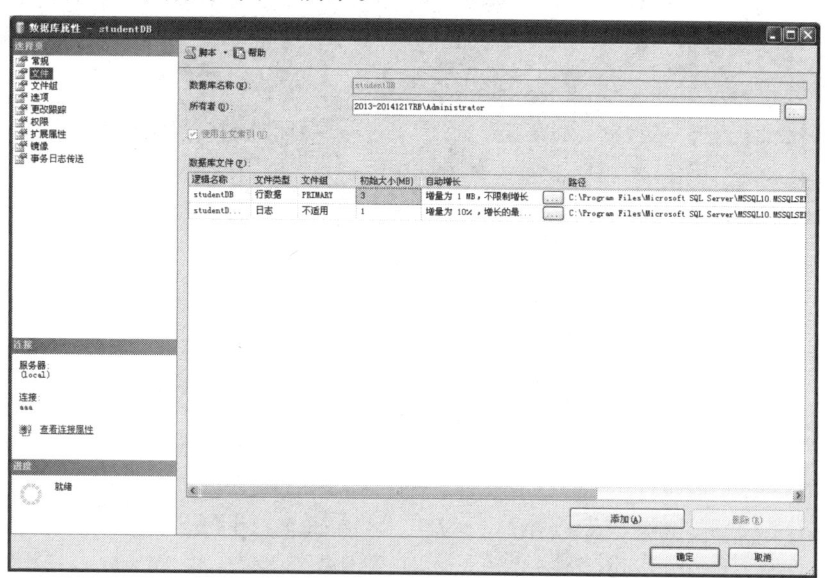

图9-1　“数据库属性”对话框

9.1.3　创建数据库

T-SQL创建数据库的语法：

```
create database 数据库名称
on  primary          --指定主文件组中的文件
(  name              --逻辑文件名称
   filename         --物理文件名称
   size              --初始大小
   maxsize           --最大容量
   filegrowth )     --文件递增量
   log on            --指明事务日志文件的明确定义
  (name              --逻辑文件名称
   filename         --物理文件名称
   size              --初始大小
   maxsize           --最大容量
   filegrowth)      --文件递增量
```

案例

创建一个名为lfl的数据库，该数据库有一个数据文件，初始大小为100M，最大容量为500M，文件递增为100M。有一个日志文件，初始大小为50M，最大容量为250M，文件递增为50M，具体代码如下所述。在查询分析器中创建lfl数据库，如图9-2所示。

```
create database lfl
 on primary
(name='lfldata',--主要数据文件逻辑文件名称
filename='d:\data\lfldata.mdf', --主要数据文件物理文件名称
 size=100mb,     --主要数据文件初始大小
 maxsize=500mb, --主要数据文件最大容量
 filegrowth=100mb) --主要数据文件递增量
 log on                    --日志文件
(name='lfllog',             --日志文件逻辑文件名称
filename='d:\data\lfllog.ldf', --日志文件物理文件名称
size=50mb                             --日志文件初始容量
maxsize=250mb                         --日志文件最大容量
filegrowth=50mb                       --日志文件文件递增量
)
```

SQLQuery1.sql - L...master (sa (51))*
create database lfl
 on primary
(name='lfldata',--主要数据文件逻辑文件名称
filename='d:\data\lfldata.mdf', --主要数据文件物理文件名称
 size=100mb,   --主要数据文件初始大小
 maxsize=500mb, --主要数据文件最大容量
 filegrowth=100mb) --主要数据文件递增量
 log on   --日志文件
(name='lfllog',   --日志文件逻辑文件名称
filename='d:\data\lfllog.ldf', --日志文件物理文件名称
size=50mb   --日志文件初始容量
maxsize=250mb   --日志文件最大容量
filegrowth=50mb   --日志文件文件递增量
)

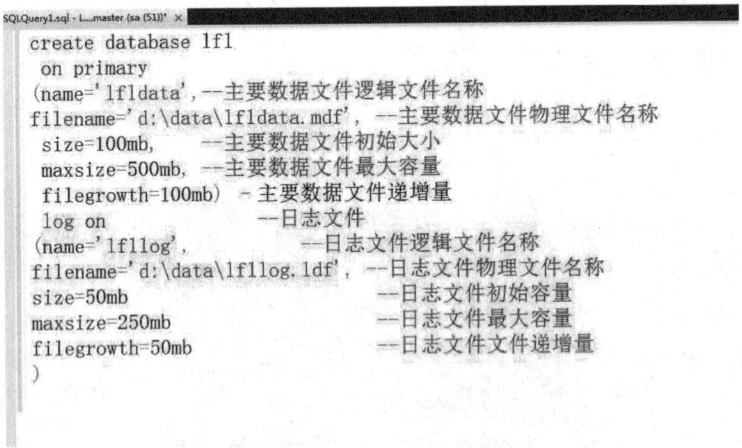

图9-2　在查询分析器中创建lfl数据库

9.2 数据库表设计

建立数据库表结构主要有以下4个步骤。

（1）确定表中有哪些列。

（2）确定每列的数据类型。

（3）给数据库表添加各种约束。

（4）创建各数据库表之间的关系。

9.2.1 数据类型

数据类型是指数据所代表信息的类型，就像现实世界中的人分男女，那么在信息世界中数据就要分类型。Microsoft SQL Server 中定义了很多种数据类型，同时允许用户自定义数据类型。SQL Server中常用的数据类型如表9-1所示。

表9-1 SQL Server数据类型

类型	名称	取值范围
整数	Bigint int smallint tinyint	(±922亿亿) 8 (±21亿) 4 (±32768) 2 (0–255) 1
位型	Bit	由0和1分别表示真和假
货币型	Money smallmoney	(±922万亿) (±21万)，精确到万分之一
十进制	Decimal、Numeric	$\pm 10^{38}-1$，最大位数38位
浮点数	Float double Real	(±1.79E+308) (±3.40E+38)
日期时间	Date Datetime Smalldatetime	1753.1.1–9999.12.31，精确到3.33毫秒 1900.1.1–2079.12.31，精确到23:59:59分钟
字符	Char/varchar/text	定/变长单字节字符，最长8000
Unicode字符	Nchar /nvarchar/ntext	定/变长双字节字符，最长4000
二进制数据	Binary/varbinary/image	定/变长二进制数据，最长8000；变长二进制数据
特殊类型	Timestamp	SQL 活动的先后顺序

9.2.2 通过T-SQL建立、删除、修改数据库表结构

1. 建立数据库表结构语法

```
Use 数据库库名称 --指向数据库
```

```
  Go
 Create table 表名
(字段名称1 数据类型 是否为空,
 字段名称2 数据类型 是否为空,
 …
字段名称n  数据类型 是否为空)
Go
```

提示

在SQL Server中，变量及字符不区分大小写，大写字母与小写字母是一样的，例如A与a的意义是一样，这与其他语言（例如C、C#、Java）有重要的区别。同时需要注意的是，在编写SQL代码时，所有的标点符号要在英文状态下录入。

案例1

在HTMS数据库中建立一张部门表。该表有部门编号、部门名称、部门经理等字段，其中部门编号是主键，部门名称非空，部门经理可以为空。

分析：在T-SQL中创建数据库表结构的语句用Create Table，主键用primary key标识，非空用not null标识，具体代码如下所述。

```
 Create table 部门表
(部门编号 char(20) not null primary key,      --primary key
                                                   是创建主键
 部门名称 char(20) not null,                  --not null 是不允许为空
 部门经理 char(10) null)                       --null 是可以为空
Go
```

主键（primary key）：用来完成数据的强制性规则，规定数据不能重复且不能为空，主键用来实现关系数据库的实体完整性。

外键（Foreign key）：用来连接另外一张表，在另外一张表中作为主键的字段。一般情况下，外键需要两张及两张以上的表，外键用来实现关系数据库的参照完整性。

案例2

在HTMS数据库中建立一张员工表。该表有员工编号、姓名、性别、年龄、工作日期、月薪、学历、职称、部门编号等几个字段，其中员工编号是主键，部门编号是外键，工作日期默认为系统日期，性别只允许录入男或女，请通过T-SQL语句实现。

分析：首先确定该表建在哪个数据库中，通过use语句来指定，同时按照建立表结构的方式进行编写。具体代码如下所述。

```
Use  HTMS
Go
```

```
Create  table  员工表
(员工编号 varchar(20)  not null  primary key,
 姓名      varchar(20)  not null,
 性别      char(2) not null  --此处不需要逗号，因为与下一行是同一
                                行，在此分行只是好读
Constraint ck_性别 check(性别='男'  or 性别='女')  --创建约束只
能输入男或女
 年龄   int null,
工作日期  datetime default getdate()  --工作日期默认为系统日期，
getdate()为系统函数，获取系统当前的日期和时间
月薪 money  null,
学历 varchar(20) null,
职称 varchar(20) null,
部门编号 char(20) not null
Constraint fk_部门编号 foreign key references 部门表(部门编号))
--创建外键，与部门表的部门编号建立参照完整性约束
```

2. 删除表结构语法

```
Use 数据库名称 --指向数据库
Drop table 表名
```

例如，删除学生表，则执行：

```
Drop table 学生表
```

3. 修改表结构语法

修改表结构主要是增加字段、删除字段和修改字段的数据类型。

（1）增加字段。例如，在学生表中增加性别、入学日期的字段。具体代码如下所述。

```
alter table 学生表
add 性别 char(2),入学日期 datetime
```

（2）删除字段。例如，在学生表中删除入学日期的字段。具体代码如下所述。

```
alter table 学生表
```

```
drop  column 入学日期
```

（3）修改字段的数据类型。例如，在学生表中修改专业字段的数据类型为varchar(20)。具体代码如下所述。

```
alter table 学生表
 alter column 专业 varchar(20)
```

9.3 数据查询语句

数据查询语句是SQL中最为关键的语句之一，数据库管理系统的大部分功能都是通过数据查询语句来实现，如查询、统计等。

9.3.1 查询的定义及语法结构

数据查询是把满足条件的数据查出来，数据源可以是表也可以是视图，查询结果可以为0条、1条或多条数据。语法结构如下所述。

```
Select     字段列表
From     数据源(表名或视图名)
Where     逻辑条件
Group by     分组语句
Having     搜索语句
Order by     排序语句
```

注意

（1）关键字的顺序不能颠倒。

（2）统计函数不允许放在where后面，要放在having后面。

（3）有having则必须有group by，反之不一定。

（4）order by语句中默认情况是升序，如果用降序则关键字是desc，升序用关键字asc。

9.3.2 单表查询

根据图9-3所示的结构，完成以下案例查询语句的编写。

（1）查询学生表中的所有学生信息。代码如下所述。

```
select * from 学生表
```

HTML.aaa - dbo.学生表

学号	姓名	性别	年龄	入学日期	联系电话	学历	专业	是否住校
1	徐海	男	48	2014-10-09 00:...	133333333333	本科	电子商务	NULL
2	徐文龙	男	25	2013-08-09 00:...	133333333333	NULL	NULL	住
4	沈梅	女	23	2013-08-21 00:...	34543534	专科	建筑表现	NULL
5	石小龙	男	21	2014-08-26 00:...	13354354354	专科	电子商务	NULL
6	徐倩	女	28	2013-09-09 00:...	423423432	专科	电子商务	NULL
7	六小灵童	男	28	2014-08-12 00:...	14334535345	本科	电子商务	NULL
8	鲁旭东	男	30	2014-08-12 00:...	4564565464	本科	电子商务	NULL
NULL	NULL	NULL	NULL	NULL	NULL	NULL	NULL	NULL

图9-3　学生表的结构

分析：查询所有学生的信息，select关键字后可以写出表中所有字段，也可以用*号表示，*号表示表中所有字段。

（2）查询学生表中所有学生的年龄、专业、学历和姓名。代码如下所述。

```
select 年龄,专业,学历,姓名  from 学生表
```

分析：题目中已经指定了查询的字段，就不能使用*号了，而要用具体的字段名称。

（3）查询所有性别为女的学生的姓名及专业。代码如下所述。

```
select 姓名,专业 from 学生表 where 性别='女'
```

分析：当表中字段是字符型时，需要用单引号把该字段对应的值引起来。

（4）查询年龄在20岁以上25岁以下的所有学生信息。代码如下所述。

```
select * from 学生表 where 年龄>=20 and 年龄<=25
```

该语句也可以写成

```
Select * from 学生表 where 年龄 between 20 and 25
```

（5）查询姓名为徐文龙、徐海和鲁旭东同学的年龄和姓名信息。代码如下所述。

```
select 姓名,年龄 from 学生表 where 姓名 in('徐文龙','徐海','鲁旭东')
```

也可以写成

```
Select 姓名,年龄 from 学生表 where 姓名='徐文龙' or 姓名='徐海'
or 姓名='鲁旭东'
```

分析：从语句的执行效率上说，用in语句效果要好些，特别需要注意的是where后面的条件中不能使用and关键字，因为如果使用and关键字则意味着一个人的名字既叫徐文龙又叫徐海，同时还叫鲁旭东，这显然不符合情理。在编写SQL语句时，特别需要注意语句间逻辑短语的使用。

（6）查询年龄在20到30岁之间所有男同学的相关信息。代码如下所述。

```
select * from 学生表 where 性别='男' and 年龄>=20 and 年龄<=30
```

语句也可以写成

```
Select * from 学生表 where 性别='男' and 年龄 between 20 and 30
```

注意

一定要注意“between...and”语句包含边界值，如本题就是包含20和30。

（7）查询性别为女，年龄在20岁以下30岁以上的所有同学的信息。语句如下所述。

```
Select * from 学生表 where 姓名='女' and (年龄<20 or 年龄>30)
```

分析：该语句之所以用括号把“年龄<20 or年龄>30”括起来，是因为and的优先级比or的优先级别要高，如果不括起来，计算结果就是性别为女且年龄在20岁以下的同学和年龄在30岁以上的所有同学了，这与题目要求不符。

9.4 统计函数和模糊查询

SQL Server中的函数分为系统函数和统计函数，查询分为精确查询和模糊查询。本节主要讲述统计函数和模糊查询。

9.4.1 统计函数

统计函数是关系数据库中SQL语言的标准函数，几乎支持所有的关系数据库。

sum()：求和，计算数据库表中某列的所有记录之和。

avg()：求平均值，计算数据库表中某列的所有记录的平均值。

count()：记录数，计算数据表中的记录行，一般用于统计有多少人，有多少物品等。

min()：最小值，计算数据库表中某列的最小值。

max()：最大值，计算数据库表中某列的最大值。

注意

（1）sum()和avg()参数必须是数值型。
（2）count()的参数可以是*，也可是具体的字段。
（3）count(*) 统计时包含空值和重复值，count(字段)不包含空值。
（4）除count函数外，其他四个函数都不会计算空值。

案例

（1）统计所有女同学的平均年龄。代码如下所述。

```
select avg(年龄) as 平均年龄  from 学生表 where 性别='女'
```

（2）统计年龄在20岁以上的男同学有多少人。代码如下所述。

```
select count(*) 人数 from 学生表 where 性别='男'  and 年龄>20
```

（3）计算所有同学中最小年龄是多少。代码如下所述。

```
select  min(年龄) 最小年龄  from 学生表
```

分析：本案例中使用统计函数avg()计算得到平均年龄，通过as后面的别名字段——平均年龄让用户看到计算结果。SQL Server中的字段别名可以用as关键字，也可以用空格隔开，目的是方便引用和查询，让显示的结果便于理解。

9.4.2 模糊查询

模糊查询是查询语句中的一个重要组成部分，在查询时只输入部分字符，而不需要输入全部字符就能把结果查询出来的一种技术。在SQL Server中，模糊查询的关键字是Like，通配符是百分号（%）、下划线（-）和方括号（[ ]）。

百分号%：代表任意字符。

下划线（-）：代表一个字符。

[ ]：指定范围内的任意一个字符。

根据SQL Server中模糊查询的关键字，完成下面的案例。

（1）在学生表中查询所有姓徐的同学的信息。代码如下所述。

```
select * from 学生表  where 姓名 like '徐%'
```

分析：查询姓徐的，说明第一个字是确定的，后面有几位不确定，所以用%表示。

（2）查询姓西门且全名为三个字的所有学生信息。代码如下所述。

```
select * from 学生表 where 姓名 like '西门_'
```

分析：需求已经确定只有三个字，前两位已经确定，不能使用%，否则就有可能是四个字或五个字。

（3）查询姓名中第二个字为"小"的学生信息。代码如下所述。

```
select * from 学生表  where 姓名 like '_小%'
```

分析：第二个为"小"说明前面只有一位，所以只能用下划线，后面有几位不确定，所以使用%。

（4）查询所有不姓徐且年龄在20到28之间的学生的年龄、姓名、性别。代码如下所述。

```
select 年龄,姓名,性别 from 学生表 where 年龄 between 20 and 28
and 姓名 not like '徐%'
```

（5）查询姓名中有"小"字的所有学生信息。代码如下所述。

```
select * from 学生表  where 姓名 like '%小%'
```

（6）查询学号首数在1～5范围内的学生信息。代码如下所述。

```
select * from 学生表  where 学号 not like '[1-5]%'
```

（7）查询所有姓徐、欧阳和张的学生的姓名、学历、年龄和入学日期，并按年龄降序排列，如果年龄相同则按入学日期升序排列。代码如下所述。

```
select 姓名,学历,年龄,入学日期 from 学生表 where  姓名 like '徐%'
or 姓名 like '欧阳%' or 姓名 like '张%'
order by 年龄 desc,入学日期 asc
```

分析：该题目中涉及的姓是或的关系，则编写语句时用or来连接，实际上该题也可以通过[ ]来实现，如写成：

```
select 姓名,学历,年龄,入学日期 from 学生表 where 姓名 like
'[徐,欧阳,张]%' order by 年龄 desc,入学日期 asc
```

（8）查询以ja_开头且倒数第三个字符为c的课程信息。代码如下所述。

```
select * from 课程表 where 课程名称 like 'ja\_%c__' escape
'\'
```

分析：在本案例中，由于查询关键字中涉及到下划线，为了与模糊查询的下划线区分开来，第一个下划线前面有换码字符\，所以它被转为普通的下划线字符。%、第二个下划线和第三个下划线前面均没有换码字符\，所以它们仍作为通配符使用。

9.5 分组查询

Group by语句是SQL查询语句中非常关键的组成部分，主要用于分组统计，如各个部门的人数，各个城市的平均工资等，具体应用如图9-4所示。在学生信息表中查询各个专业的学生人数，具体代码如下所述。

```
select 专业,count(*) 人数
from 学生表
group by 专业
```

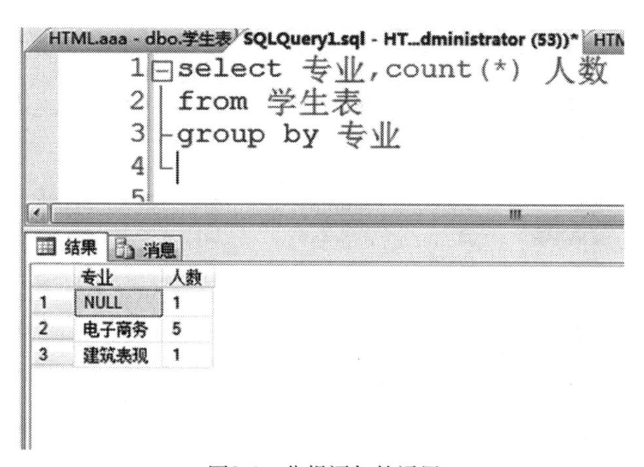

图9-4　分组语句的运用

计算结果为：没有专业的人数为1人，电子商务专业为5人，建筑表现专业为1人。这就是分组语句在实际中的应用。

9.6 多表联合查询

多表联合查询是关系数据库主要功能之一，即从多个相互关联的表中把满足条件的数据查询出来。

9.6.1 多表查询

多表联合查询是关系数据库的重点应用，关系数据库能流行也与SQL语句支持多表联合查询有重大的关系。因为在一个系统中不可能只有一张表，各种数据在不同的表中存在，需要编写SQL语句进行组合查询。语法结构与单表查询差不多，区别在于where子句后面要通过表的公共字段进行连接，如图9-5所示的部门表结构和图9-6所示的员工表结构。

HTML.aaa - dbo.员工表　HTML.aaa - dbo.部门表

部门编号	部门名称	部门经理
1	系统集成部	段雨
2	网络工程部	马超
3	人力资源部	刘备
4	财务部	张飞
5	软件开发部	李冰冰
6	aaa	aaa
NULL	NULL	NULL

图9-5　部门表结构

HTML.aaa - dbo.员工表　HTML.aaa - dbo.部门表　~vs10D6.sql - HTM...dministrator (51))

员工编号	姓名	sex	工资	工作日期	年龄	部门...	ID
02	关羽	男	2900.0000	2012-07-23 0...	30	4	2
03	马超	男	4400.0000	2011-05-23 0...	29	2	3
04	刘备	男	4800.0000	2010-08-29 0...	32	3	4
05	赵云	女	4600.0000	2011-08-29 0...	30	3	5
07	诸葛孔明	男	3800.0000	2011-06-08 0...	26	1	6
08	张杰	男	4200.0000	2010-08-12 0...	44	2	7
09	朱园	男	4100.0000	2002-08-23 0...	38	3	8
10	曹博	女	3800.0000	2013-08-27 0...	32	1	9
11	起劲松	男	8800.0000	2008-08-08 0...	36	1	10
12	段雨	男	15000.0000	2003-12-09 0...	38	1	NULL
NULL	NULL	NULL	NULL	NULL	NULL	NULL	NULL

图9-6　员工表结构

根据图9-5和图9-6查询张杰所属部门的部门经理。

在编写查询语句前，首先分析要用到几张表，表与表之间通过哪个公共字段连接。

本题中张杰在员工表中，而需要查询的部门经理信息则在部门表中，两张表中通过部门编号建立连接关系，分析清楚后编写如下SQL语句。

```
Select 部门经理  from 员工表,部门表 where 员工表.部门编号=部门表.部门编号 and 姓名='张杰'
```

案例1

（1）查询各个部门的平均工资。

```
select avg(工资)平均工资,部门名称
from 部门表,员工表
where 部门表.部门编号=员工表.部门编号
group by 部门名称
```

（2）查询年龄在29到36岁之间的所有职工姓名、月薪及部门经理，并按年龄降序排列，如果年龄相同则按月薪升序排列。

```
select  姓名,工资,部门经理
from 部门表 a,员工表 b
where a.部门编号=b.部门编号 and 年龄 between 29 and 36
order by 年龄 desc,工资 asc
```

（3）查询平均工资在2300以上的各个部门人数和平均工资，并按平均工资降序排列，如果平均工资相同则按部门人数升序排列。

分析：根据题目要求知道，要查询的信息有各个部门的人数和平均工资。从题干中知道，需要查询各个部门就要进行分组，人数和平均工资通过聚集函数count()和avg()实现，这两个信息在员工表中。部门名称在部门表中，从而知道需要两张表，即员工表和部门表，同时条件是平均工资在2300元以上，条件中平均工资是通过avg()函数计算出来的，不能直接放在where后面。根据前面的知识知道，完成该功能需使用having关键字来实现，代码如下如下所述。

```
select 部门名称, count(员工编号) as 部门人数,avg (工资) as 平均工资
from 员工表,部门表
where 员工表.部门编号=部门表.部门编号
group by 部门名称
having avg(工资)>2300
order by 平均工资 desc,部门人数 asc
```

 9.6.2 子查询（嵌套查询）

在SQL语言中，一个select 语句中还包含另外一个select 语句，这称之为子查询，也叫嵌套查询，比如：

```
select 姓名 from 学生表 where 学号 in (select 学号 from 成绩表 where 课程编号='002')
```

在上例中，里层查询块“select 学号 from 成绩表 where 课程编号=‘002’”是嵌套在外层查询块“select 姓名 from 学生表 where 学号 in”的where的条件中的。外层的查询块称为父查询，里层的查询块称为子查询。SQL语句允许多层嵌套，即一个子查询中还可以嵌套其他子查询。需要特别指出的是，子查询的select语句中不能使用order by子句，order by子句只能对最终查询结果排序。嵌套查询一般的求解方法是从里向外处理。即每个子查询在上一级查询处理之前求解，子查询的结果用于建立其父查询的查询条件。

1. 带有in谓词的子查询

在嵌套查询中，子查询的结果往往是一个集合，所以谓词in是嵌套查询中经常使用的谓词。例如，查询选修了课程SQL Server的学生的学号和姓名。

```
Select 学号,姓名 from 学生表 where 学号 in(select 学号 from 成绩表 where 课程编号 in (select 课程编号 from 课程表 where 课程名称='sql server'))
```

上例中涉及学号、姓名和课程名称三个属性，学号和姓名存放在学生表中，课程名称存放在课程表中，但学生表和课程表没有直接联系，必须通过成绩表建立它们二者之间的联系，所以本案例涉及三个关系。

从上述两个案列可以看到，查询涉及多个关系时，用嵌套查询逐步求解，层次清楚，构造容易，具有结构化程序设计的优点。

2. 带有比较运算符号的子查询

带有比较运算符号的子查询是指父查询与子查询之间用比较运算符进行连接。在父查询与子查询之间用比较运算符进行连接，但用户确切知道内层查询返回的是单值时，可以用>、<、=、>=、<=、!= 、Exists和not Exists等。

例如，查询工资最高的职工姓名。

```
Select 姓名 from 员工表 where 月薪=(select max(月薪) from 员工表)
```

在员工中工资最高的只有一个，所以可以用=代替in

案例1

查询SQL Server成绩最高的学生姓名。

分析：在本案例中涉及到学生表、课程表和成绩表，如果用子查询则根据课程名称SQL Server在课程表中查找出该课程所对应的编号，然后根据课程编号求出最大成绩。同时，由于存在其他课程有相同的分数的情况，需要加上课程名称等于SQL Server所对应的课程编号这个条件，再根据最大成绩求出最大成绩所对应的学号，在学生表中根据学号查询出姓名。具体代码如下所述。

```
use HTML
go
select 姓名 from 学生表 where 学号=
(select 学号 from 成绩表 where
成绩=(select max(成绩) from 成绩表
where 课程编号=
(select 课程编号 from 课程表 where 课程名称='sqlserver') ) and
课程编号=(select 课程编号 from 课程表 where 课程名称='sqlserver'))
```

当然，本案例也可以用SQL Server中提供的Top语句实现，具体代码如下所述。

```
select top 1 姓名
from 学生表 a,课程表 b,成绩表 c
where a.学号=c.学号 and b.课程编号=c.课程编号 and 课程名称
='sqlserver'
order by 成绩 desc
```

通过按成绩降序排列语句计算出满足条件的所有学生姓名，然后取第一条数据，因为是降序所以成绩最高的排在第一，用top1语句取出。当然该写法也存在问题，就是如果此门课程考试成绩最高的分数有多个学生，此写法就不合适了。

案例2

查询各科成绩最高的学生姓名、成绩和课程名称。

分析：根据题目要求知道，需要用到学生表、课程表和成绩表。在本题中最重要的是要根据课程编号求出每门课程的最高分，当查出每门课程的最高分时，再求出每门课程对应的学生姓名、课程名称和成绩。

具体代码如下所述。

```
select 姓名, 课程名称,成绩
from 课程表 a,成绩表 b,学生表 c
where a.课程编号=b.课程编号 and b.学号 =c.学号
and 成绩 in(select max(成绩) from 成绩表 d where b.课程编号
=d.课程编号)
```

运行结果如图9-7所示。

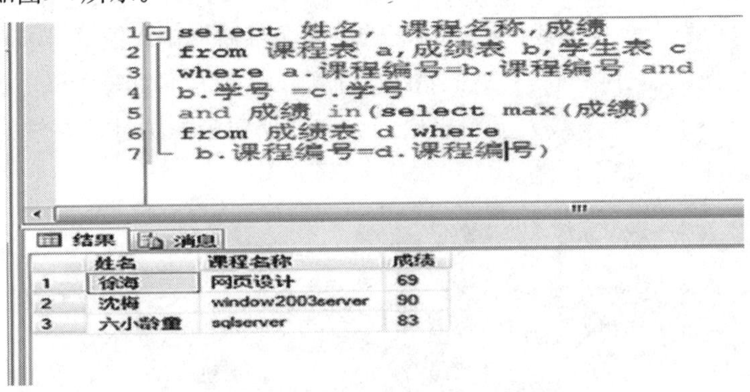

图9-7 运行结果

案例3

学生表和成绩表中查询没有考试成绩的学生信息。

分析：本案例有许多方法可以查询到结果，在此主要使用not Exists来实现，not Exists是不存在的意思。本题用not Exists来实现的代码具体如下所述。

```
select * from 学生表 a where not exists
(select 学号  from 成绩表 b where a.学号=b.学号 and 成绩 is
not  null)
```

在学生表中查询不在成绩表中有成绩的学生的学号，并把学生信息查询出来。需要注意的是，有学号存在但成绩为空时也是没有参加考试的学生，这就是“成绩 is not null”这句代码的意思。该题用not in语句也可以实现，具体代码如下所述。

```
select * from 学生表 where 学号 not in
(select 学号  from 成绩表  where 成绩 is not  null)
```

读者可以比较两种写法的不同点。

3. all 和any的应用

all：用某个数据与一个数据集中的所有值进行比较。

any：用某个数据与一个数据集中的任意值进行比较。

案例4

列出成绩表中课程编号为001的所有记录，根据学号将成绩表中的数据分为两组，学号尾数为1、2、3的是第一组，学号尾数为4、5、6的是第二组。

（1）求出第一组中001号课程成绩比第二组中此门课程最低成绩高的记录。具体代码如下所述。

```
select * from 成绩表 where
```

```
课程编号='001' and
学号 like '%[1-3]' and
成绩>any(select 成绩 from
成绩表 where 课程编号='001' and
学号 like '%[4-6]')
```

分析：使用any运算符进行批量比较测试时，通过比较运算符将一个表达式的值与子查询返回的一列值中的每一个进行比较。如果在某次比较中运算结果为True，则any测试返回True。在SQL-92标准中，与any等价的运算符是Some。

以大于为例说明。>any（子查询）表示至少大于子查询所返回的一个值，也就是最小值。

（2）求出第一组中001号课程成绩比第二组中最高成绩还好的记录。具体代码如下所述。

```
select * from 成绩表 where
课程编号='001' and
学号 like '%[1-3]' and
成绩>all(select 成绩 from
成绩表 where 课程编号='001' and
学号 like '%[4-6]')
```

分析：使用all运算符进行批量比较测试时，通过比较运算符将一个表达式的值与子查询返回的一列值中的每一个进行比较。如果在每次比较中运算结果均为True，则all测试返回True。只要有一次比较运算结果为False，则all测试返回False。

仍然以大于为例说明。>all（子查询）表示大于子查询所返回的每一个值，也就是最大值。

9.7 数据操纵语句

数据操纵语句主要包含数据的插入、删除和修改语句。数据操纵语句是SQL的关键语句之一，读者要熟练掌握并应用。

9.7.1 插入数据

1. 插入单个元组

插入单个元组的insert语句格式如下所述。

```
Insert into 表名(字段名称1，字段名称2，字段名称3，…)
Values(字段名称1记录值，字段名称2记录值，字段名称3记录值，…)
```

例如，在部门表中插入一条数据，代码如下所述。

```
Insert into 部门表(部门编号,部门名称,部门经理)
Values('6', '技术研发部', '马云')
```

2. 插入多个元组，插入子查询结果

子查询不仅可以嵌套在Select语句中，用以构造查询条件，而且也可以嵌套在Insert语句中，用以生成要插入的数据。

```
Insert into 表名(字段名1，字段2，字段3…)
```

子查询

例如：

```
Insert into student(学号，姓名，专业，学历)
Select 学号,姓名,专业,学历 from 学生表 where 专业='电子商务'
```

此种写法是表已经存在，另外一种写法如下所述。

```
Select 学号,姓名,专业,学历 into student from 学生表 where 专业
='电子商务'
```

此语句是从学生表中把电子商务专业学生的学号、姓名、专业、学历查询出来放入student表中，student表事先不存在，在语句执行的同时创建并生成表结构。

插入多条数据还有一种写法，语法如下所述。

```
insert 表名(字段名称1，字段名称2…) select 记录值，记录值…
union select 记录值,记录值…
union select 记录值,记录值…
```

如在xp表中同时插入三条数据，语法如下所述。

```
insert xq(编号,姓名,兴趣) select 1,'刘菲','足球'
union select 2,'王明','篮球'
```

```
union select 3，'王震','爬山'
```

9.7.2 修改语句

修改操作又称为更新操作或编辑操作，其语句的一般格式如下。

```
Update 表名 set 列名1=表达式1,列名2=表达式2,列名3=表达式3,列名4=
表达式4,列名5=表达式5  … Where 逻辑条件
```

该修改功能是修改指定表中满足where子句条件的记录，其中set子句用于指定修改的方法。如果省略where子句，则表示要修改表中的所有记录。

例如：将电子商务专业的学生年龄加1。具体代码如下所述。

```
Update 学生表 set 年龄=年龄+1 where 专业='电子商务'
```

修改语句支持多张表的修改，此时可以通过子查询（嵌套查询）实现。

如把SQL Server的学生成绩修改为89分，update语句执行如下代码。

```
Update 成绩表 set  成绩=89 where 课程编号=(select 课程编号
From 课程表 where 课程名称='SQL Server')
```

按要求需要用到课程表和成绩表两张表，可以通过查询语句把课程名称为SQL Server的课程编号求出来，在成绩表中根据该课程编号对学生的成绩进行修改。

9.7.3 删除语句

删除语句的一般格式如下所述。

```
delete from 表名 where 条件
```

delete语句的功能是从指定表中删除满足where子句条件的所有记录。如果省略where子句，表示删除表中的全部记录，但表的整个物理结构和逻辑结构仍在表中。也就是说，delete语句只是删除表中的数据，而不是删除表的物理结构和逻辑结构。

例如：把专业为电子商务的学生信息全部删除。代码如下所述。

```
Delete from 学生表 where 专业='电子商务'
```

删除语句同样也支持子查询，如果要删除的数据涉及两张及以上的表，在实际应用中

也可以通过子查询来实现，例如，把选修了SQL Server的学生成绩删除。代码如下所述。

```
    Delete from 成绩表 where 课程编号=(select 课程编号 from 课程表
where 课程名称='SQL Server')
```

9.8 系统函数

SQL Server中的系统函数主要有数学函数、字符函数和日期函数，读者应重点掌握这三类函数。系统函数与聚集函数有所区别，系统函数只用在SQL Server环境中，而聚集函数可以用在几乎所有的关系数据库中。

9.8.1 数学函数

ABS(x)：计算x的绝对值，如 ABS(－23)=23。

SIGN(x)：如果x的值为正数则结果为1，如果x为负数则x为－1，如果x为0则结果为0。

RAM(x)：产生一个大于0小于1的随机实数。

SQRT(x)：计算x的平方根。

ROUND(x,n)：四舍五入函数，例如 ROUND(123.456,2)=123.46，其中x为需要计算的数，n为四舍五入后需要保留的小数位数。

Power(x,y)：计算x的y次方，例如Power(2,3)=8。

9.8.2 字符函数

LEFT(s,n)：该函数是从左边截取字符串s的n位，重新组合成一个新的字符串。例如LEFT('专业教育,诚信天下',4)= '专业教育'。

RIGHT(s,n)：该函数是从右边截取字符串s的n位，重新组合成一个新的字符串。例如RIGHT('专业教育,诚信天下',4)= '诚信天下'。

SUBSTRING(s,n1,n2)：该函数是对字符串s进行截取，从第n1位开始，截取后的子串长度为n2。例如 SUBSTRING('专业教育,诚信天下',1,4)='专业教育'。

LEN(x)：计算字符串x的长度。例如 len('学校教育')=4。

SPACE(n)：该函数产生n个空格。

9.8.3 日期时间函数

Getdate()：获取当前计算机的系统日期。

Year(d)：返回日期中的“年”值，返回值的数据类型为整型。

Month(d)：返回日期中的“月”值，返回值的数据类型为整型。

Day(d)：返回日期中的“日”值，返回值的数据类型为整型。

```
Datename(Datepart,d)
```

Datepart 是返回的date的一部分。

```
DATEADD(Datepart, number, date)
```

将表示日期或时间间隔的数值与日期中指定的日期部分相加后，返回一个新的 DT_DBTIMESTAMP 值。number参数的值必须为整数，而date参数的取值必须为有效日期。

Datepart指定用于与数值相加的日期部分的参数。

number用于与Datepart相加的值。该值必须是分析表达式时已知的整数值。

date用于返回有效日期或日期格式的字符串的表达式。

例如：DateAdd(yy,1, '2016-5-1')= '2017-5-1'， 由于第一个参数是yy，代表年，所以结果是在原来日期的基础上加1年。

```
DATEDIFF (Datepart,startdate, enddate)
```

返回指定的startdate和enddate之间所跨的指定Datepart边界的计数。

Datepart是指定所跨边界类型的startdate和enddate的一部分。

9.8.4 ROW_NUMBER( )函数

返回结果集分区内行的序列号，每个分区的第一行从 1 开始。代码格式如下所述。

```
ROW_NUMBER () OVER(order by 字段)
```

例如，返回学生表中学生的行号。代码格式如下所述。

```
Select row_number() over(order by 学号) as 学号 From  学生表
```

案例

从学生表中取出第2行到第6行的数据。具体代码如下述。

```
WITH bbb AS
 (SELECT 学号, 姓名,年龄,
  ROW_NUMBER() OVER (ORDER BY 年龄) AS  'RowNumber'
FROM  学生表)
 SELECT *
FROM  bbb
```

```
WHERE RowNumber BETWEEN 2 AND 6
```

9.9 视图

9.9.1 什么叫视图

1. 主要作用

视图是一张虚拟表，平时不存储数据，不占用任何存储空间，在引用时动态生成数据。视图的主要作用有两个。

1）简化用户操作

视图可以简化用户操作，假如要查询朱琳同学的Unity 3D成绩，具体的代码如下所述。

```
Select 成绩,姓名,课程名称 from 学生表 a,课程表 b,成绩表 c
where a.学号=c.学号 and b.课程编号=c.课程编号 and a.姓名='朱琳' and
b.课程名称='Unity 3D'
```

如果需要查询多次，这段代码可能要编写多次，这样就显得比较繁琐。如果把该代码写成视图，以后每次检索数据时就可以直接从视图中查询数据，这样就简化了操作。

2）对机密数据提供安全保护

视图是虚拟表，在数据库的模式结构中属于外模式，平时是不存储数据的，它的数据来源于基表。如果基表中有些数据是敏感的，需要保密，则在生成视图的语句中就可以不包含该数据，这样这部分数据对最终用户而言就是安全的，因为用户看不到，所以使用视图可以提高数据的安全性。例如学生表中涉及不同专业的学生数据，可以在其上定义视图，每个视图只包含一个专业的学生数据，并只允许每个专业的负责人查询自己专业的学生数据。

2. 视图的限制

（1）在定义视图的语句中不能出现order by、into等语句。

（2）视图在数据库范围内要具有唯一性，不能与其他数据库对象名称一致。

（3）即使删除一个视图所依赖的表或视图，这个视图的定义仍然保留在数据库中。

（4）不能建立临时视图，也不要在一个临时表上建立视图。

（5）不能在视图上绑定规则、默认值和触发器。

9.9.2 视图定义与创建

SQL语言用CREATE VEIW命令建立视图，其一般格式如下。

```
CREATE VIEW 视图名称(列名1,列名2…)
[with Encryption] --对视图的定义进行加密
```

AS子查询语句后面，可以加WITH CHECK OPTION。

其中子查询可以是任意复杂的select语句，但通常不允许含有order by子句和Distinct短语。WITH CHECK OPTION表示对视图进行UPDATE、INSERT和DELETE操作时要保证更新、插入或删除的行满足视图定义中的谓词条件。若在建立视图时使用where子句定义了一个选择条件，在使用视图进行插入或更新的过程中却提供了不符合这个条件的数据，那么该记录虽然存储在视图所引用的基表中，但在视图中将无法看到该记录。

案例1

建立软件开发专业的学生视图，具体代码如下。

```
Create view studentView
As
Select  学号,姓名,年龄,专业,学历
From 学生表  where 专业='软件开发'
Go
```

实际上，数据库管理系统执行Create view语句的结果只是把视图的定义存入系统，并不执行其中的Select语句。在对视图查询时，才按视图的定义从基本表中将数据查出。

案例2

建立云计算专业的学生视图，按要求进行修改和插入操作时仍要保证该视图只有云计算专业的学生信息。具体代码如下所述。

```
Create view studentView
As
Select  学号,姓名,年龄,专业,学历,家庭地址,班级,性别
From 学生表  where 专业='云计算'
With check option
Go
```

由于在定义视图时加上了with check option子句，以后对该视图进行插入、删除和修改操作时，数据库管理系统会自动加上专业=‘云计算’，视图不仅可以建在单个表上，也可以建在多个表上。

案例3

建立选修了“C#程序设计”与“数据库编程”课程的学生姓名、学号、年龄、学历、成绩、课程名称等信息的视图。具体代码如下所述。

```
Create view SCView
As
Select 姓名,a.学号,年龄,学历,成绩,课程名称
From 学生表   a,课程表  b,成绩表  c
Where a.学号=c.学号 and
b.课程编号=c.课程编号 and  b.课程名称='C#程序设计与数据库编程'
Go
```

提示

视图不仅可以建立在一个或多个基本表上，也可以建立在一个或多个已经定义好的视图上，或同时建立在基本表与视图上。

案例4

创建选修了SQL Server课程且成绩在85分以上的学生视图。具体代码如下所述。

```
Create view IS_Student
As
Select * from  SCView
Where 成绩>=85
Go
```


9.9.3 删除视图

删除视图的语句格式如下所述。

```
Drop view 视图名称
```

一个视图被删除后，由此视图导出的其他视图页将失效，用户应该使用drop view语句将它们一一删除。

```
Drop view stuView
```

执行此语句后，stuView视图结构将从数据库系统中删除，由StuView导出的视图Yjs_s视图的结构虽在数据库系统中，但该视图已经无法使用，因此应该同时删除。

9.9.4 通过视图添加表数据

使用Insert语句既可以向表中添加一行记录，也可以向视图中添加一行记录。由于视图本身不存储数据，通过一个视图所添加的记录实际上是存储在由该视图引用的基表中，必须满足一些条件才能通过视图向基表添加记录。

1. 通过视图向基表插入数据时需注意的事项

（1）该字段允许NULL值，SQL Server在其中填上一个空值。

（2）该字段允许设有默认值，SQL Server在其中填上这个预设的默认值。

（3）该字段具有自动编号属性，SQL Server在其中填上一个整数值。

（4）该字段的数据类型为timestamp，SQL Server在其中一个填上时间戳数据。

2. 对查询语句的要求

若要通过一个视图向表中添加记录，还需要求查询语句满足下列条件。

（1）在查询语句中不能使用计算字段，如使用加、减、乘、除四则运算对一个字段或几个字段进行计算。

（2）在查询语句中不能使用AVG、COUNT、SUM、MAX、MIN等统计函数。

（3）在查询语句中不能使用分组语句，谓词如TOP语句等。

3. 对Insert语句的要求

视图中的字段来自多张表，如果要通过视图添加数据，因为引用了几张表，就需要对视图多次执行插入语句。这是因为当使用一个Insert语句向视图中添加记录时，这个语句就只能指定同一个表中的字段。

案例5

在学生数据库中建立一个视图，并通过该视图分别向成绩表和课程表添加一行数据。具体代码如下所述。

```
Use student
Go
Create view 课程成绩视图(学号,课程编号1,成绩, 课程编号2,课程名称)
As
Select  学号,a.课程编号,成绩,b.课程编号,课程名称
From 成绩表 a,课程表 b
Where a.课程编号=b.课程编号
Go
Insert into 课程成绩视图(课程编号2,课程名称)
Values('008','电子商务概论')
Insert into 课程成绩视图(学号,课程编号1,成绩)
Values('ynxhxs0007','008',76)
```

本章总结

本章首先对如何创建数据库、数据库表进行了讲解，然后讲解了SQL Server中的查询语句和数据操作语句，包括单表查询、多表查询、子查询、统计函数、系统函数及数据的插入、删除、修改语句等应用，最后讲解了SQL Server视图的定义及应用。

练习与实践

【选择题】

1．下列哪个关键字在SELECT语句中是表示取消重复行的？（　）

A．*　　B．all　　C．desc　　D．distinct

2．在SQL语言中授权的操作是通过什么语句实现的？（　）

A．CREATE　　B．REVOKE　　C．GRANT　　D．select

3．如果在Select语句中使用having单词，则必须和哪个单词匹配？（　）

A．GROUP BY　　B．COMPUTE BY　　C．create　　D．COMPUTE

4．下面哪个统计函数可以计算平均值？（　）

A．sum　　B．Avg　　C．Count　　D．min

5．哪个数据库拥有sysusers表？（　）

A．所有数据库　　B．所有用户创建的数据

C．master数据库　　D．该表保存在注册表中

6．SQL语句中用来删除操作的命令是（　）。

A．insert　　B．update　　C．delete　　D．create

7．SQL 是（　）的缩写。

A．Standard Query Language　　B．Select Query Language

C．Structured Query Language　　D．以上都不是

8．下列关键字中不属于数据定义语句的是（　）。

A．create　　B．drop　　C．alter　　D．grant

【实训任务一】

<table>
<tr><th colspan="2">日期函数综合应用</th></tr>
<tr><td>项目背景介绍</td><td>根据下表结构，完成以下练习。
HTML.aaa - dbo.生产计划表
<table>
<tr><th></th><th>生产日期</th><th>牌名</th><th>计划产量</th></tr>
<tr><td></td><td>2016-07-23 00:00:00....</td><td>红河88</td><td>1200</td></tr>
<tr><td></td><td>2016-06-03 00:00:00....</td><td>红河88</td><td>1300</td></tr>
<tr><td></td><td>2016-01-09 00:00:00....</td><td>红河99</td><td>1500</td></tr>
<tr><td></td><td>2016-07-23 00:00:00....</td><td>红河99</td><td>1800</td></tr>
<tr><td></td><td>2016-03-15 00:00:00....</td><td>红河88</td><td>1600</td></tr>
<tr><td></td><td>2016-07-23 00:00:00....</td><td>红河99</td><td>2200</td></tr>
<tr><td></td><td>2016-07-23 00:00:00....</td><td>红河88</td><td>1800</td></tr>
<tr><td>▶</td><td>2016-07-23 00:00:00.000</td><td>红河道</td><td>1200</td></tr>
<tr><td></td><td>2016-07-23 00:00:00....</td><td>红河88</td><td>1200</td></tr>
<tr><td></td><td>2016-07-22 00:00:00....</td><td>红河88</td><td>2000</td></tr>
<tr><td></td><td>2016-06-23 00:00:00....</td><td>红河99</td><td>1000</td></tr>
<tr><td></td><td>2016-03-02 00:00:00....</td><td>红河道</td><td>1500</td></tr>
<tr><td></td><td>2016-07-03 00:00:00....</td><td>软珍云烟</td><td>1600</td></tr>
<tr><td>*</td><td>NULL</td><td>NULL</td><td>NULL</td></tr>
</table></td></tr>
<tr><td>设计任务概述</td><td>根据表结构计算当日、当月、当年和去年同期各种品牌的产量之和。注意当月是从该月1号到今天为止，当年是从该年1月1号到今天为止，去年同期要分别计算当日、当月和当年的数据。</td></tr>
<tr><td>实训记录</td><td></td></tr>
<tr><td>教师考评</td><td>评语：

辅导教师签字：</td></tr>
</table>

【实训任务二】

多表联合查询语句的应用	
项目背景介绍	根据本章提供的学生表、课程表、成绩表完成以下练习。
设计任务概述	（1）查询学号为1的学生姓名、所选课程名称及考试分数。 （2）查询“Windows server”课程的考试分数。 （3）查询“徐文龙网页设计”课程的考试分数。 （4）求有多少人参加了“Windows server”课程的考试。 （5）查询“SQL Server”课程考试的平均分。 （6）查询成绩比本课程平均成绩高的信息。
实训记录	
教师考评	评语： 辅导教师签字：

第10章

T-SQL高级编程

本章导读

本章讨论了T-SQL编程，类似于Java、C#、C等语言，T-SQL语言允许用户定义变量并赋值，支持逻辑控制语句，诸如IF…ELSE条件语句、WHILE循环语句、CASE…END多分支语句。为了提高执行效率，还支持批处理语句GO和用户自定义函数的编写。

学习目标

- 掌握逻辑控制语句
- 掌握标量值函数的创建
- 理解并掌握复杂SQL语句的综合运用

技能要点

- 掌握SQL Server中局部变量的定义及赋值语句的应用
- 掌握SQL Server中流程控制语句、顺序语句、分支语句、循环语句等流程控制语句的应用
- 掌握SQL Server中用户自定义标量值函数的创建与应用

实训任务

- 完成用户自定义函数的编写
- FOR XML Path语句的应用

10.1 使用和定义变量

变量可以存储数据的对象。SQL Server中的变量包含局部变量和全局变量。局部变量的使用与其他语言一样是先定义后使用，而全局变量由系统定义和维护，可以直接使用，但一般不定义全局变量。

10.1.1 局部变量

局部变量的名称必须以标记@为前缀。声明局部变量的语句为：

Declare @variable_name DataType，其中，variable_name变量名称，DataType是变量的数据类型。

下面举一个例子。

Declare @name varchar(20) --声明一个存放学生姓名的变量name，最多可以存放20个字节。

Declare @age int --声明一个存放年龄的变量，为整型数据。

局部变量的赋值有两种方法：使用SET语句或select 语句。

语法：

```
SET @variable_name=value 或
Select @variablename=value
```

案例

查找徐文龙同学的信息，并显示其年龄信息。

```
declare @name varchar(20)
declare @i int
set @name='徐文龙'
select @i=年龄 from 学生表 where 姓名=@name
select @i as 年龄
```

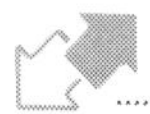

10.1.2 全局变量

全局变量是SQL Server系统内部使用的变量，其作用范围并不仅仅局限于某一程序，而是任何程序均可以随时调用。全局变量通常存储一些SQL Server配置的设定值和统计数据。用户可以在程序中用全局变量来测试系统的设定值或者是Transact-SQL命令执行后的状态值。

使用全局变量时应该注意以下几点。

(1) 全局变量不是由用户程序定义的，它们是在服务器级定义的。

(2) 用户只能使用预先定义的全局变量。

(3) 引用全局变量时，必须以标记符“@@”开头。

(4) 局部变量的名称不能与全局变量的名称相同，否则会在应用程序中出现不可预测的结果。

SQL Server中常用的全局变量如表10-1所示。

表10-1 SQL Server中常用的全局变量

全局变量名称	描述
@@CONNECTIONS	返回SQL Server自上次启动以来尝试的连接数
@@CPU_BUSY	返回SQL Server自上次启动后的工作时间
@@CURSOR_ROWS	返回连接打开的上一个游标中的当前限定行的数目，确定当其被调用时检索了游标符合条件的行数
@@ERROR	返回执行的上一个Transact-SQL语句的错误号，如果前一个Transact-SQL语句执行没有错误，则返回0
@@FETCH_STATUS	返回针对连接当前打开的任何游标发出的上一条游标FETCH语句的状态
@@REMSERVER	返回远程SQL Server数据库服务器在登录记录中显示的名称
@@ROWCOUNT	返回受上一语句影响的行数

续表

全局变量名称	描述
@@SERVERNAME	返回运行SQL Server本地服务器的名称
@@SERVICENAME	返回SQL Server正在其下运行的注册表项的名称。若当前实例为默认实例，则 @@SERVICENAME 返回 MSSQLSERVER
@@TRANCOUNT	返回当前连接的活动事务数
@@VERSION	返回当前SQL Server安装的版本、处理器体系结构、生成日期和操作系统
@@MAX_CONNECTIONS	返回SQL Server实例允许同时进行的最大用户连接数。返回的数值不一定是当前配置的数值

以上全局变量有很多都是从计算机相关版本信息及CPU相关属性中获取，也有一些是在编写Transact-SQL中经常使用到的，下面对几个全局变量做一下解释。

@@ERROR：使用频率特别高，特别在一些存储过程的使用中，在每更新一个操作时都会对其异常进行判断和检测，这时候会根据@@ERROR的值进行判断，如：

```
IF @@ERROR <> 0
 BEGIN
    --在此抛出错误的异常
     --退出存储过程
END
```

@@ROWCOUNT：返回上一条语句影响的行数，常见的是在更新、删除、插入或查找数据的语句后，会用这个语句进行判断，这个变量保存了上一步操作所影响的行数，如：

```
--数据库操作影响的行数
 IF @@ ROWCOUNT >0
    BEGIN
     --插入成功
     END
```

10.2 流程控制语句

程序设计中常用的流程控制语句主要有三种结构，分别是顺序结构、分支结构和循环结构。在T-SQL语句中也支持此三种结构。

10.2.1 顺序结构

顾名思义，顺序结构就是程序按一定的顺序，从第一行一直执行到最后一行，例如计算两个整数的和并把结果计算输出。

```
Declare @a int, @b int,  @c int
Set @a=23
Set @b=32
Set @c=@a+@b
Print '计算结果为:'+convert(varchar(20),@c)
```

以上语句中print是输出语句，+为字符串连接运算符号。由于@c是整数，所以需要通过convert函数把@c转换成字符型数据。

10.2.2 分支结构

T-SQL语句中选择结构有两种语句。

（1）if语句。

用来实现两个分支的选择机构。

（2）select …case 语句。

用来实现多种情况的选择结构，在SQL Server中一般嵌在SQL语句中。

1. IF 语句

IF语句的语法格式为：

```
if(条件为真)
   begin
     语句块
   end
else
    begin
     语句块
    end
```

案例1

查找姓名为“朱琳”的信息，如果找到则显示相关信息，如果没有找到则显示“查无此人”。具体代码如下所述。

```
declare @name char(20)
set @name='朱琳'
if exists(select * from stuinfo where stuname=@name)
  begin
    print @name+'相关信息如下:'
    select * from stuinfo where stuname=@name
  end
else
  begin
     print  '查无此人'
  end
```

案例2

统计并显示本班笔试的平均成绩。如果成绩在90分以上则显示为优秀，并显示前5名学员的考试成绩信息；如果成绩在90分以下则显示为较差，并显示后5名学员的成绩信息。具体代码如下所述。

```
declare @myavg float
select @myavg=avg(成绩) from 成绩表
print'本班的平均分是:'+@myavg
if(@myavg>=90)
  begin
     print  '本班成绩优秀,前5名的成绩为;'
     select Top 5 * from 成绩表 order by 成绩 desc
 end
else
   begin
     print'本班成绩较差,后5名成绩信息为:'
     select top 5 * from 成绩表 order by 成绩 asc
 end
```

在本例中，通过TOP语句和排序语句完成前5名学生信息和后5名学生信息的显示。

2. CASE…END多分支语句

语法：

```
Case
When 条件1   then 结果1
```

```
When 条件2   then 结果2
When 条件3   then 结果3
......
Else 其他结果
End
```

Case语句非常类似C语言中的多分支语句，表示如果条件1成立，则结果为1，其余类推。

案例3

如图10-1所示，把城市中拼音缩写改为中文城市。

HTML.aaa - dbo.city

	city	id	name
▶	km	1	www
	cx	1	www
	yx	1	www
	ws	1	www
	dl	1	www
	NULL	2	aaa
	qj	2	aaa
*	NULL	NULL	NULL

图10-1　简单case语句应用 city表

如km翻译成昆明，yx翻译成玉溪，cx翻译成楚雄，ws翻译成文山，dl翻译成大理，qj翻译成曲靖，其他的都翻译成其他城市。具体代码如下所述。

```
select city 城市缩写,城市全称=
case city
when 'km' then '昆明'
when 'cx' then '楚雄'
when 'yx' then '玉溪'
when 'ws' then '文山'
when 'dl' then '大理'
when 'qj' then '曲靖'
else  '其他城市'
end
from city
```

输出结果如图10-2所示。

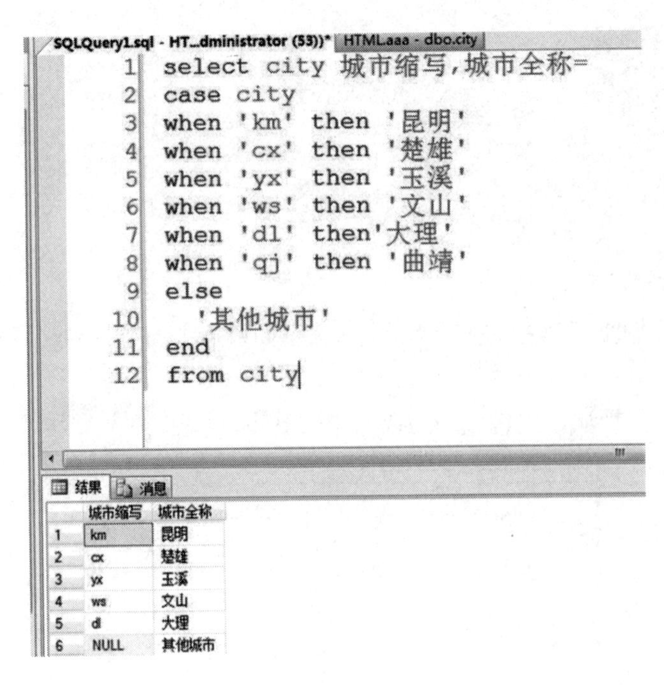
SQLQuery1.sql - HT...dministrator (53))*
HTML.aaa - dbo.city
select city 城市缩写,城市全称=
case city
when 'km' then '昆明'
when 'cx' then '楚雄'
when 'yx' then '玉溪'
when 'ws' then '文山'
when 'dl' then'大理'
when 'qj' then '曲靖'
else
'其他城市'
end
from city
结果
消息
城市缩写
城市全称
km
昆明
cx
楚雄
yx
玉溪
ws
文山
dl
大理
NULL
其他城市

图10-2　输出结果

案例4

从学生数据库中查找学生的姓名、成绩，如果成绩在90分以上则显示等级为优秀；如果成绩在80分以上、89分以下则显示等级为优良；如果成绩在70分以上、79分以下则显示等级为中等；如果成绩在60分以上、69分以下则显示等级为合格，否则显示为不合格。具体代码如下所述。

```
select  姓名, 成绩 笔试成绩,成绩等级=
case
when 成绩>=90 then '优秀'
when 成绩>=80 and 成绩<=89 then '优良'
when 成绩>=70 and 成绩<80 then '中等'
when 成绩>=60 and 成绩<70 then '合格'
else '不合格'
end
from stuinfo a,stumarks b   where a.stuno=b.stuno
```

输出结果如图10-3所示。

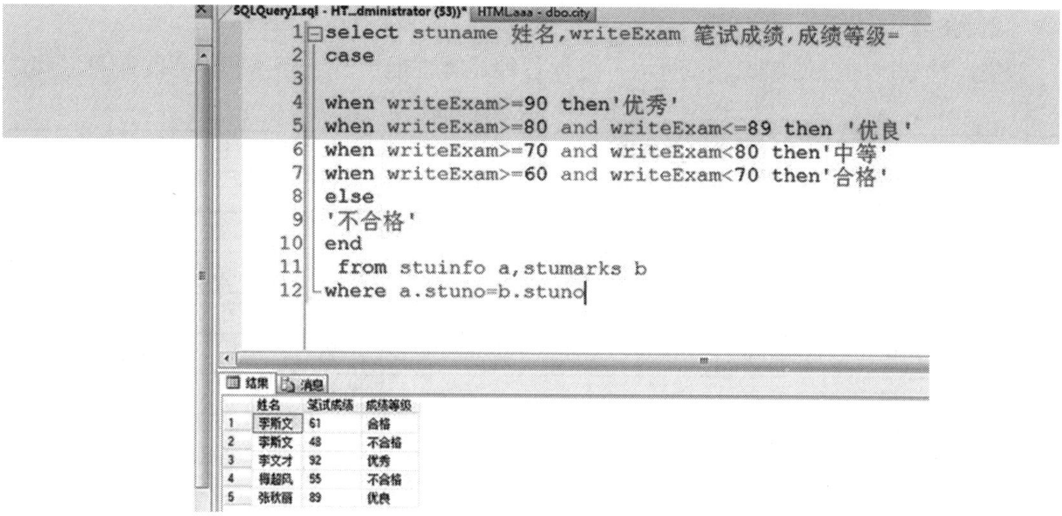

```
1  select stuname 姓名,writeExam 笔试成绩,成绩等级=
2  case
3
4  when writeExam>=90 then'优秀'
5  when writeExam>=80 and writeExam<=89 then '优良'
6  when writeExam>=70 and writeExam<80 then'中等'
7  when writeExam>=60 and writeExam<70 then'合格'
8  else
9  '不合格'
10 end
11  from stuinfo a,stumarks b
12 where a.stuno=b.stuno
```

	姓名	笔试成绩	成绩等级
1	李斯文	61	合格
2	李斯文	48	不合格
3	李文才	92	优秀
4	梅超风	55	不合格
5	张秋丽	89	优良

图10-3　输出结果

案例5

判断今年是否为闰年？根据二月份的天数计算是否为闰年，如果二月份是28天，则为平年，否则为闰年。具体代码如下所述。

```
select 是否为闰年=
case datediff(day,datename(year,getdate())+'-02-01',datename
(year,getdate())+'-03-01')
when  28  then '平年'
else   '闰年'
end
```

本例中用到了SQL Server中的几个系统函数，getdate()是得到系统当前日期，datediff()计算两个日期间的差。如果第一参数是day，则计算两个日期相差几天，如果是28，则返回平年，否则返回闰年。输出结果如图10-4所示。

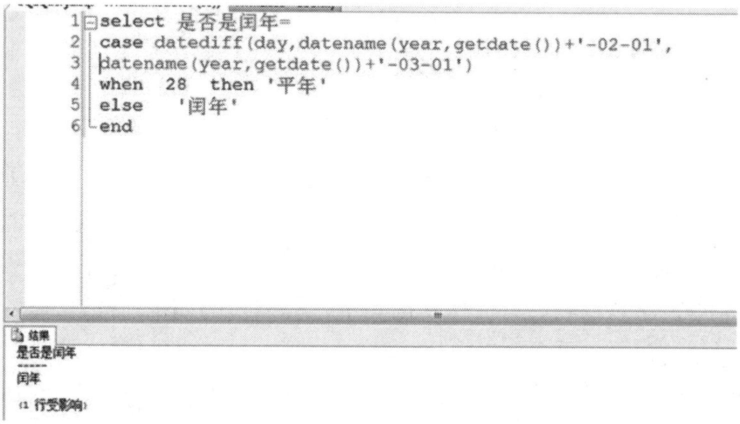

```
1 select 是否是闰年=
2 case datediff(day,datename(year,getdate())+'-02-01',
3 datename(year,getdate())+'-03-01')
4 when  28  then '平年'
5 else   '闰年'
6 end
```

```
是否是闰年
-----
闰年

(1 行受影响)
```

图10-4　输出结果

案例6

生产计划表的数据如表10-2所示，统计各种品牌香烟当日、当月和当年的产量之和。

表10-2　生产计划表

	生产日期	产量	牌名
▶	2019-1-5 0:00:00	1200	紫云
	2019-9-1 0:00:00	2300	紫云
	2019-9-8 0:00:00	1000	软珍
	2019-9-2 0:00:00	2000	软珍
	2019-9-3 0:00:00	2000	软珍
	2019-9-26 0:00:00	1000	映象
	2019-9-8 0:00:00	1000	映象
	2019-9-1 0:00:00	1500	紫云
	2019-9-26 0:00:00	1600	紫云
	2019-9-8 0:00:00	1800	软珍
	2019-9-2 0:00:00	2000	软珍
	2019-9-3 0:00:00	2000	软珍
	2019-9-26 0:00:00	1000	映象
	2019-9-8 0:00:00	1000	映象
	2019-9-1 0:00:00	1500	紫云
	2019-9-26 0:00:00	1600	紫云
	2019-8-8 0:00:00	1800	软珍
	2019-8-2 0:00:00	2000	软珍
	2019-8-3 0:00:00	2000	软珍
	2019-8-26 0:00:00	1000	映象
	2019-8-8 0:00:00	1000	映象
	2019-8-1 0:00:00	1500	紫云
	2019-8-26 0:00:00	1600	紫云
	2019-8-28 0:00:00	2300	紫云
	2019-8-28 0:00:00	1300	软珍
*	NULL	NULL	NULL

分析：本例可以分三个语句写，即当日的写一个，当月的写一个，当年的写一个。需要注意的是，当月的各种品牌产量之和是统计从该月1号到今天，当年各个品牌产量之和是从该年的1月1日到今天，今天是一个相对的概念，在变动。在SQL Server中用getdate()来获取，但由于getdate()包含时、分、秒，而数据库中的数据只精确到天，所以在具体编写时需要通过编码把getdate()函数的时、分、秒去掉。同时，本案例的目的是掌握case语句的运用，所以综合在一个SQL语句中，具体代码如下所述。

```
  select  牌名,sum(case when 生产日期=datename(yy,getdate())+'-
'+datename(mm,getdate())+'-'+datename(dd,getdate())  then  产量
```

```
end) 当日产量之和,
   sum(case when 生产日期>=datename(yy,getdate())+'-
'+datename(mm,getdate())+'-01'
   and 生产日期<=datename(yy,getdate())+'-
'+datename(mm,getdate())+'-'+datename(dd,getdate()) then 产量
end) 当月产量之和,
   sum(case when 生产日期>=datename(yy,getdate())+'-01-01'
   and 生产日期<=datename(yy,getdate())+'-
'+datename(mm,getdate())+'-'+datename(dd,getdate()) then 产量
end) 当年产量之和
   from 生产表
   group by 牌名
```

程序运行结果如图10-5所示。

结果 | 消息

	牌名	当日产量之和	当月产量之和	当年产量之和
1	软珍	NULL	11600	18700
2	映像	NULL	4000	6000
3	紫云	NULL	8500	15100

图10-5 运行结果

10.2.3 循环结构

While循环语句可以根据某些条件重复执行一条SQL语句或一个语句块。通过使用While关键字，可以确保只要指定的条件为TRUE，就会重复执行语句，可以在While循环中使用Continue和Break关键字来控制语句的执行。

语法如下：

```
While(条件)
 begin
  语句块
  break
end
```

同C语言一样，也可以使用Break关键字从最内层的While循环中退出。

案例7

计算1+2+3+4+5…+100的结果。

具体代码如下所述。

```
declare @s int
declare @i int
set @s=0
set @i=1
while @i<=100
  begin
     set @s=@s+@i
     set @i=@i+1
  end
```

```
print '计算结果为：'+cast(@s as varchar(20))
```

本例中通过while循环计算从1累加到100的结果，当循环条件在1到100之间一直循环，当循环体变量@i的值大于100时退出循环，把最终的计算结果显示出来，CAST是转换函数，计算结果如图10-6所示。

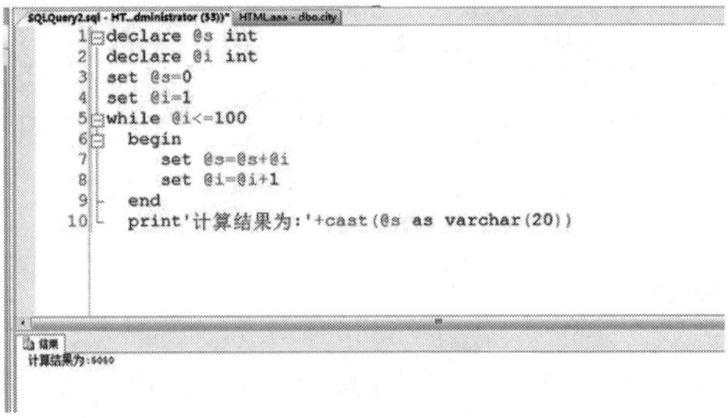

```
1 declare @s int
2 declare @i int
3 set @s=0
4 set @i=1
5 while @i<=100
6   begin
7      set @s=@s+@i
8      set @i=@i+1
9   end
10  print'计算结果为:'+cast(@s as varchar(20))
```

计算结果为:5050

图10-6　运行结果

案例8

计算1!+2!+3!+4!+5!的结果。

具体代码如下所述。

```
declare @s int
declare @i int
declare @t int
set @s=0
set @i=1
set @t=1
while @i<=5
  begin
   set @t=@t*@i
```

```
    set @s=@s+@t
    set @i=@i+1
  end
```

```
print '计算结果为：'+convert(varchar(20),@s)。
```

在本例中，“！”表示阶乘，比如5！=5*4*3*2*1，Convert为转换函数，因为@s是整数，而前面的汉字是字符，所以需要通过转换函数进行转换。运行结果如图10-7所示。

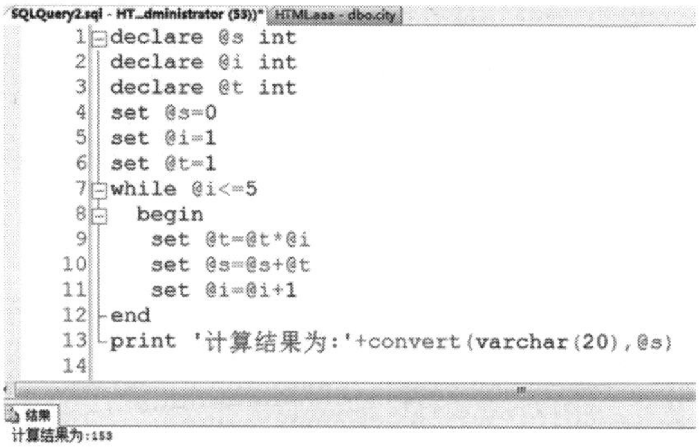

```
declare @s int
declare @i int
declare @t int
set @s=0
set @i=1
set @t=1
while @i<=5
  begin
    set @t=@t*@i
    set @s=@s+@t
    set @i=@i+1
end
print '计算结果为:'+convert(varchar(20),@s)
```

计算结果为:153

图10-7　运行结果

案例9

计算并输出所有的水仙花数，水仙花数是一个三位数，其各位数字的立方和等于该数本身。例如，153是一个水仙花数，因为153=1+125+27。

具体代码如下所述。

```
declare @i int
declare @a int
declare @b int
declare @c int
set @i=100
while @i<=999
 begin
  set @a=convert(int, substring(convert(varchar(10),@i),1,1))
  set  @b=convert(int, substring(convert(varchar(10),@i),2,1))
  set @c=convert(int, substring(convert(varchar(10),@i),3,1))
  if(@i=@a*@a*@a+@b*@b*@b+@c*@c*@c)
    print @i
  set @i=@i+1
 end
```

本案例通过while循环从100开始查找满足条件的数。首先把整型数据转换成字符型数据，然后通过substring函数进行截取，最好把截取后的字符转换成整数，接着根据水仙花数的特点，每个三位数等于各位数字的立方之和进行计算。如果满足则输出，否则继续下一个，直到循环结束。输出结果如图10-8所示。

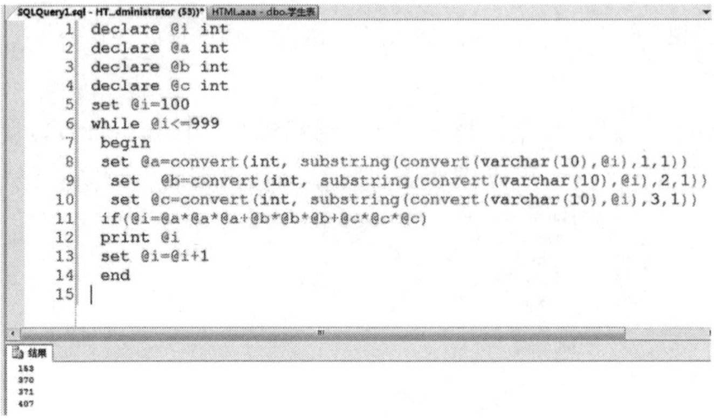

```
declare @i int
declare @a int
declare @b int
declare @c int
set @i=100
while @i<=999
 begin
 set @a=convert(int, substring(convert(varchar(10),@i),1,1))
  set  @b=convert(int, substring(convert(varchar(10),@i),2,1))
  set @c=convert(int, substring(convert(varchar(10),@i),3,1))
 if(@i=@a*@a*@a+@b*@b*@b+@c*@c*@c)
 print @i
 set @i=@i+1
 end
```

```
153
370
371
407
```

图10-8　输出结果

10.2.4　T-SQL语句的综合应用

Select …into 语句在前文中已经学过，该语句是把查询的结果放入一张新的表中，该表事先不存在，是在语句执行后动态生成。外连接是连接中的一种特殊应用，查询结果为一张表中的全部数据，当另外一张表没有相应数据时以空值显示。如董事长在员工表中存在，但部门表中没有相应部门，通过外部查询，董事长的相关信息也能查询出来，只是部门信息以空值显示。

案例10

提取学员的成绩信息并保存结果，包括学员姓名、学号、笔试成绩。

具体代码如下所示。

```
select a.stuno 学号,stuname 姓名,
笔试成绩=
case
when writeExam is null then '缺考'
else convert(varchar(20),writeExam)
end
,机试成绩=
case
when labExam is null then '缺考'
else convert(varchar(20),labExam)
end
```

```
,是否通过=
  case
  when writeExam>=60 and labExam>=60 then '是'
  else '否'
  end
into  newtable
from stuinfo a left join stumarks b
 on a.stuno=b.stuno
```

成绩是否通过的结果如图10-9所示。

	学号	姓名	笔试成绩	机试成绩	是否通过
1	s25303	李斯文	61	62	是
2	s25303	李斯文	62	63	是
3	s25302	李文才	98	97	是
4	s25320	刘欢	NULL	NULL	否
5	s25318	梅超风	61	61	是
6	s25304	欧阳俊雄	NULL	NULL	否
7	s25305	欧阳中	NULL	NULL	否
8	s25301	张秋丽	95	95	是
9	s25323	郑伟东	NULL	NULL	否

图10-9 运行结果

本例通过外部连接查询，把学生信息表中所有学生在成绩表的相关成绩信息查询出来。如果学生信息表中有学生信息，成绩表中没有相关信息，则相应成绩显示为NULL，然后通过SELECT CASE 语句进行判断，并把结果数据放入一张新表中。

10.3 标量值函数的创建

在SQL Server中允许用户创建自定义函数，SQL Server支持创建标量值函数和表值函数，本节主要以创建标量值函数为主。

语法如下：

```
create function 函数名称(参数)
returns  数据类型
as
begin
     语句块
     return
end
```

案例1

编写绝对值函数。

具体代码如下所述。

```
create function fabs(@x int)       --创建名为fabs的函数，该函数有
                                   --一个整型参数
returns int                        --该返回函数的返回值为整型
as
begin
  declare @y int                   --定义变量
  if (@x>=0)                       --通过if else语句进行判断
     begin
      if(@x>0)                     --如果大于0则值为它本身，否则为0
       set @y=@x
      else
        set @y=0
     end
  else                             --如果小于0则值为它的相反数
    begin
       set @y=-@x
    end
  return @y                        --返回结果
End
```

函数编写完成后，需要进行测试，方便其他开发工具调用。测试结果如图10-10所示。

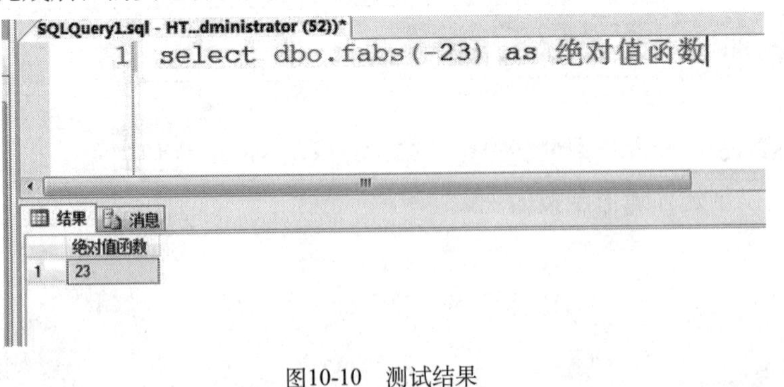

图10-10 测试结果

案例2

编写一个函数，实现当输入一个日期时，计算出这个日期所属月份的最后一天。

具体代码如下所述。

```
create function  last_day(@date date)
returns date
as
begin
   declare @lastday date
   set @lastday=dateadd(mm,datediff(mm,0,@date)+1,0)-1
   return @lastday
end
```

该函数是通过系统提供的dateadd()函数和datediff()函数来实现。 datediff(mm,0,@date)表示要计算的日期和SQL Server开始有效的日期之间相差几个月，0表示系统开始的有效日期，默认为1900-1-1，dateadd(mm,datediff(mm,0,@date),0)计算出当前月的第一天，括号里加1表示加1个月，结果就是下个月的第一天，再减1就是减一天，计算出上个月的最后一天。测试结果如图10-11所示。

SQLQuery1.sql - HT...dministrator (52))*

```
1 select dbo.last_day(GETDATE())
2
```

结果

```
----------
2016-03-31
(1 行受影响)

----------
1395
(1 行受影响)
```

图10-11　测试结果

提示

如果需要返回任意输入的一个日期所对应的天数，该如何编写这样的函数呢？

案例3

输入一个日期，判断这一年是不是闰年。

分析：判断是不是闰年有一个公式，就是能被4整除，但不能被100整除，或者能被400整除，所以我们根据输入的参数通过year函数取出年份，然后通过公式计算。

具体代码如下所述。

```
create function isleapyear(@date date)
 returns nchar(20)
  as
  begin
```

```
    declare @x nchar(20)
    declare @a  int
    set @a=year(@date)
    if(@a%4=0 and @a%100<>0) or (@a%400=0)
     set @x='闰年'
    else
      set @x='平年'
    return @x
  end
```

10.4 FOR XML PATH语句的应用

FOR XML PATH就是将查询结果集以XML的形式展现，有了它可以简化查询语句，在很多复杂的应用中使用FOR XML PATH语句非常有用。

10.4.1 FOR XML PATH 介绍

什么是FOR XML PATH呢？如下一张表可知，这个名为ah的表用来存放员工或学生的兴趣爱好，表结构如表10-3所示。

表10-3　ah表结构

编号	姓名	兴趣
1	刘明	爬山
2	黄飞	足球
3	何智	篮球
4	刘月	唱歌

接下来看应用FOR XML PATH的查询结果语句。

```
SELECT * FROM  ah FOR XML PATH
<row>
  <编号>1</编号>
  <姓名>刘明 </姓名>
  <兴趣>爬山 </兴趣>
</row>
```

```
<row>
  <编号>2</编号>
  <姓名>黄飞</姓名>
  <兴趣>足球</兴趣>
</row>
<row>
  <编号>3</编号>
  <姓名>何智</姓名>
  <兴趣>篮球</兴趣>
</row>
<row>
  <编号>4</编号>
  <姓名>刘月</姓名>
  <兴趣>唱歌</兴趣>
</row>
```

由此可见，FOR XML PATH语句的功能就是将查询结果根据行输出成XML格式。

在具体应用中如何改变XML行节点的名称呢？具体代码如下所述。

```
SELECT * FROM ah FOR XML PATH('兴趣')
```

结果出来后，大家可以发现，原来的行节点<row>变成在PATH后面的括号()中了，自定义的名称<兴趣>，结果如下所述。

```
<兴趣>
  <编号>1</编号>
  <姓名>刘明</姓名>
  <兴趣>爬山</兴趣>
</兴趣>
<兴趣>
  <编号>2</编号>
  <姓名>黄飞</姓名>
  <兴趣>足球</兴趣>
</兴趣>
<兴趣>
  <编号>3</编号>
  <姓名>何智</姓名>
  <兴趣>篮球</兴趣>
```

```
  </兴趣>
  <兴趣>
    <编号>4</编号>
    <姓名>刘月</姓名>
    <兴趣>唱歌</兴趣>
  </兴趣>
```

10.4.2 FOR XML PATH的应用

再增加一张表，表结构如表10-4所示。

表10-4 表结构

编号	姓名	兴趣
1	刘明	爬山
2	黄飞	足球
3	何智	篮球
4	刘月	唱歌
1	刘明	唱歌
2	黄飞	乒乓球
1	刘明	篮球
2	黄飞	爬山
3	何智	足球
4	刘月	跳舞

实现结果如表10-5所示。

表10-5 实现结果

编号	姓名	兴趣
1	刘明	爬山、唱歌、篮球
2	黄飞	足球、乒乓球、爬山
3	何智	篮球、足球
4	刘月	唱歌、跳舞

具体代码如下所述。

```
use aaa
go
select 编号,姓名,(select 兴趣+',' from xq a
where a.编号=b.编号 for XML path('')) as 兴趣
from xq b
group by 编号,姓名
```

分析如下：

select 兴趣+',' from xq a where a.编号=b.编号 for XML path('') 这句是通过FOR XML PATH 将某一姓名的爱好，显示为“ 爱好1,爱好2,爱好3,”的格式。剩下的代码首先是将表分组，再执行FOR XML PATH 格式化。

本章总结

本章主要讲述了在T-SQL语句中怎样定义变量，如何给变量赋值，流程控制语句中if语句和select…case语句及while循环语句的应用；另外，讲解了自定义标量函数的编写和FOR XML PATH语句的应用等。

练习与实践

【选择题】

1．SQL Server中循环语句有（ ）。

A．for　　B．foreach　　C．while　　D．do.....while

2．T-SQL单行注释语句是哪个？（ ）

A．//　　B．--　　C. /*　*/　　D．<!--　　-->

3．T-SQL中定义局部变量的关键字是（ ）

A．demension　　B．declare　　C．var　　D．dim

4．数据库的完整性是指数据的__________和__________。

A．正确性　　B．相容性　　C．安全性　　D．实用性

5．SQL Server中的终止循环用哪个关键字？（ ）

A．exit　　B．quit　　C．break　　D．return

6．T-SQL中全局变量使用哪个特殊字符来表示？（ ）

A．#　　B．$　　C．&　　D．@@

7．T-SQL语句中输出语句用（ ）。

A．out　　B．print　　C．?　　D．Messagebox

8．SQL Server 中的转换函数有（ ）。

A．Convert()　　B．CAST()　　C．STR()　　D．VAL()

9．T-SQL中给变量赋值用到的语句是（ ）。

A．Set　　B．=　　C．:=　　D．Dim

10．“@@FETCH_STATUS”变量有3个不同的返回值。（ ）

A．0: FETCH语句执行成功　　B．0：FETCH语句执行不成功

C．-1：FETCH语句执行失败或者行数据超出游标数据结果集的范围

D．-2：表示提取的数据不存在

【实训任务一】

<table>
<tr><th colspan="2">用户自定义标量函数的编写</th></tr>
<tr><td>项目背景介绍</td><td>编写标量函数，熟悉在SQL Server中如何编写自定义函数。综合运用T-SQL语句。</td></tr>
<tr><td>设计任务概述</td><td>编写一个用户自定义函数，输入三个整数，输出其中的最大值。</td></tr>
<tr><td>实训记录</td><td></td></tr>
<tr><td>教师考评</td><td>评语：
辅导教师签字：</td></tr>
</table>

【实训任务二】

<table>
<tr><th colspan="2">FOR XML Path语句的应用</th></tr>
<tr><td>项目背景介绍</td><td>在医院信息管理系统中，有时需要将多个不同列的数据进行归纳，组合成符合用户需求的结构，根据下图实现效果。
<table>
<tr><td>病人类别</td><td>挂号科室</td><td>开单医生</td><td>VAF22</td></tr>
<tr><td>新农合</td><td>中医科</td><td>管理员</td><td>测试10g*10片/盒，测试10g*10片/盒，测试10g*10片/盒，测试10g*10片/盒，葡萄糖酸钙口服液10ml*12支/盒…</td></tr>
</table></td></tr>
<tr><td>参照图</td><td>
<table>
<tr><th>病人类别</th><th>挂号科室</th><th>金额</th><th>挂号时间</th><th>开单医生</th><th>初复诊</th><th>诊断</th><th>社区</th><th>电话</th><th>发病日期</th><th>症状体征</th><th>VAF22</th></tr>
<tr><td>新农合</td><td>中医科</td><td>0.00</td><td>2015-10-12 11:22:10.523</td><td>管理员</td><td>初诊</td><td>NULL</td><td>NULL</td><td></td><td>NULL</td><td>NULL</td><td>测试 10g*10片*盒</td></tr>
<tr><td>新农合</td><td>中医科</td><td>0.00</td><td>2015-10-12 11:22:10.523</td><td>管理员</td><td>初诊</td><td>NULL</td><td>NULL</td><td></td><td>NULL</td><td>NULL</td><td>测试 10g*10片*盒</td></tr>
<tr><td>新农合</td><td>中医科</td><td>0.00</td><td>2015-10-12 11:22:10.523</td><td>管理员</td><td>初诊</td><td>NULL</td><td>NULL</td><td></td><td>NULL</td><td>NULL</td><td>测试 10g*10片*盒</td></tr>
<tr><td>新农合</td><td>中医科</td><td>0.00</td><td>2015-10-12 11:22:10.523</td><td>管理员</td><td>初诊</td><td>NULL</td><td>NULL</td><td></td><td>NULL</td><td>NULL</td><td>测试 10g*10片*盒</td></tr>
<tr><td>新农合</td><td>中医科</td><td>0.00</td><td>2015-10-12 11:22:10.523</td><td>管理员</td><td>初诊</td><td>NULL</td><td>NULL</td><td></td><td>NULL</td><td>NULL</td><td>葡萄糖酸钙口服液 10ml*/12支/盒</td></tr>
<tr><td>新农合</td><td>中医科</td><td>0.00</td><td>2015-10-12 11:22:10.523</td><td>管理员</td><td>初诊</td><td>NULL</td><td>NULL</td><td></td><td>NULL</td><td>NULL</td><td>葡萄糖酸钙口服液 10ml*/12支/盒</td></tr>
<tr><td>新农合</td><td>中医科</td><td>0.00</td><td>2015-10-12 11:22:10.523</td><td>管理员</td><td>初诊</td><td>NULL</td><td>NULL</td><td></td><td>NULL</td><td>NULL</td><td>西西药 0.25g*3片/盒</td></tr>
<tr><td>新农合</td><td>中医科</td><td>0.00</td><td>2015-10-12 11:22:10.523</td><td>管理员</td><td>初诊</td><td>NULL</td><td>NULL</td><td></td><td>NULL</td><td>NULL</td><td>西西西药 0.25g*3片/盒</td></tr>
</table></td></tr>
<tr><td>实训记录</td><td></td></tr>
<tr><td>教师考评</td><td>评语：
辅导教师签字：</td></tr>
</table>

第11章

ADO.NET编程

本章导读

ADO.NET是微软.NET数据库的访问架构，它是数据库应用程序和数据源之间沟通的桥梁，主要提供一个面向对象的数据访问架构，用来开发数据库应用程序。本章主要结合SQL Server数据库来讲解ADO.NET的五大对象。

学习目标

- 掌握ADO.NET的Connection对象
- 掌握ADO.NET的Command对象
- 掌握ADO.NET的DataAdapter对象
- 掌握ADO.NET的DataReader对象
- 掌握ADO.NET的DataSet对象
- 掌握XML的应用

技能要点

- 掌握ADO.NET的五大对象Connection、Command、DataAdapter、DataReader、DataSet的应用
- 掌握通过ADO.NET与数据库服务连接的方式
- 掌握XML文件的读写及应用

实训任务

- 完成企业人事系统登录窗体和主窗体的设计与制作

11.1 ADO.NET模型

11.1.1 ADO.NET简介

ADO.NET是在.NET Framework上访问数据库的一组类库，它利用.NET Data Provider（数据提供程序）进行数据库的连接与访问。通过ADO.NET，数据库程序设计人员能够很轻易地使用各种对象来访问符合自己需求的数据库内容。ADO.NET模型如图11-1所示。

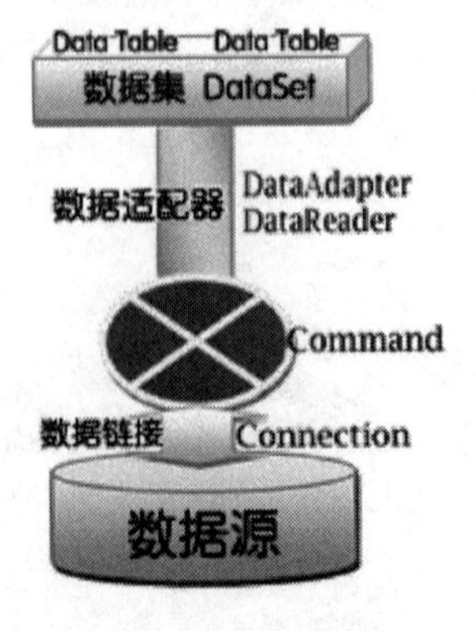

图11-1 ADO.NET模型

11.1.2 ADO.NET体系结构

ADO.NET的体系结构如图11-2所示。

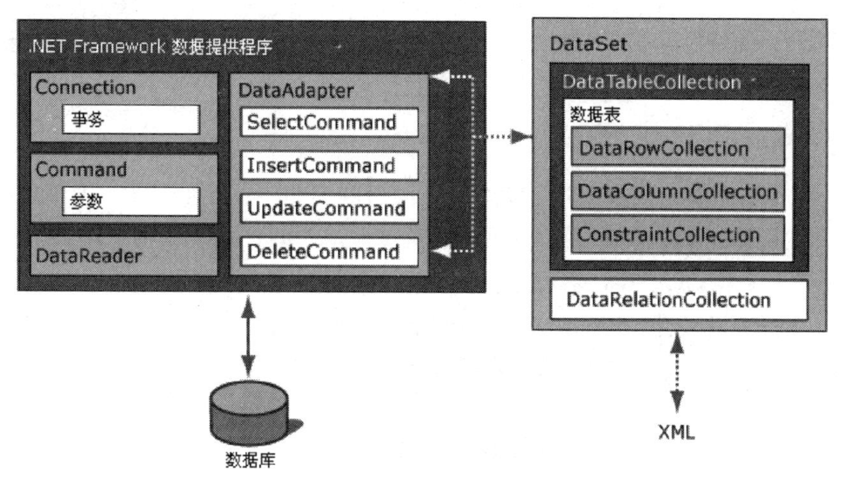

图11-2 ADO.NET体系结构

1. .NET Data Provider

.NET Data Provider是指访问数据源的一组类库，主要是为了统一各类型数据源的访问方式而设计的一套高效能的类库。

表11-1中给出了ADO.NET中包含的4个对象。

表11-1 ADO.NET对象的功能说明

对象名称	功能说明
Connection	提供和数据库服务器连接的功能，不同的数据库关键字不一样。比如，如果连接SQL Server，则为SqlConnection
Command	提供运行访问数据库的命令，主要执行数据的删除、修改、插入语句以及调用在数据库服务器写好的存储过程。如果服务器是SQL Server则为SqlCommand
DataAdapter	数据适配器是DataSet对象和数据源间的桥梁。DataAdapter使用4个Command对象来运行查询、新建、修改、删除的SQL命令，把数据加载到DataSet。如果服务器是SQL Server，则为SqlDataAdapter
DataReader	通过Command对象运行SQL查询命令取得数据流，以便进行高速、只读的数据浏览。如果服务器是SQL Server，则为SqlDataReader

在.NET Framework中常用的有如下4组数据提供程序。

（1）SQL.NET Data Provider。

（2）OLEDB.NET Data Provider。

（3）ORACLE.NET Data Provider。

（4）ODBC.NET Data Provider。

以上4个程序分别用来连接SQL Server数据库、ACCESS数据库、ORACLE数据库和通过ODBC数据源连接其他数据库。如果需要连接MySQL数据库，则需要单独安装MySQL.Data.DLL文件。

2. DataSet

DataSet（数据集）是ADO.NET离线数据访问模型中的核心对象，DataSet其实就是一个存放在内存中的数据暂存区，这些数据必须通过DataAdapter对象与数据库进行数据交换。在DataSet内部允许同时存放一个或多个不同的数据表（DataTable）对象。这些数据表是由数据列和数据域所组成的，并包含主索引键、外部索引键、数据表间的关系（Relation）信息以及数据格式的条件限制（Constraint）。

11.1.3 ADO.NET数据库的访问流程

1. 数据访问命名空间

System.Data：提供对表示ADO.NET结构的类的访问。

System.Data.Common：包含由各种.NET Framework数据提供程序共享的类。

System.Data.Odbc：ODBC.NET Framework数据提供程序，用于连接操作系统中支持ODBC数据源的数据库服务器。

System.Data.OleDb：OLE DB .NET Framework数据提供程序，描述了用于访问托管空间中的OLE DB数据源的类集合，比如ACCSS数据库系统。

System.Data.SqlClient：SQL服务器.NET Framework数据提供程序，主要用于连接SQL Server数据库服务器。

System.Data.SqlTypes：提供SQL Server中本机数据类型的类。

System.Data.OracleClient：用于Oracle的.NET Framework数据提供程序。

2. ADO.NET访问数据库的流程

（1）创建Connection对象，进行数据库服务器的连接。首先引入命名空间，如“using System.Data.SqlClient;”，然后定义Connection类“public SqlConnection conn;”。

（2）在建立连接的基础上可以使用Command对象对数据库发送查询、新增、修改和删除等命令。

（3）创建DataAdapter对象，从数据库中取得数据。

（4）创建DataSet对象，将DataAdapter对象填充到DataSet对象中。

（5）如果需要，可以重复操作，一个DataSet对象可以容纳多个数据集合。

（6）在DataSet上进行所需要的操作。数据集的数据要输出到窗体中或者网页上面，需要设定数据显示控件的数据源为数据集。

（7）关闭数据库。

3. 选择.NET数据提供程序

.NET数据提供了如表11-2所示的程序类。

表11-2 .NET数据提供的程序类

数据提供程序	命名空间	类	说明
SQL Server .NET数据提供程序	System.Data.SqlClient	SqlConnection	建立与SQL Server数据源的连接
		SqlCommand	对SQL Server数据源执行命令
		SqlDataReader	从SQL Server数据源中读取只读的数据流
		SqlDataAdapter	用SQL Server数据源填充 DataSet 并解析更新
OLE DB .NET数据提供程序	System.Data.OleDb	OledbConnection	建立与OLEDB数据源的连接
		OledbCommand	对OLEDB数据源执行命令
		OledbDataReader	从OLEDB数据源中读取只读的数据流
		OledblDataAdapter	用OLEDB数据源填充 DataSet 并解析更新

11.1.4 ADO.NET访问数据库

1. Connection对象

Connection对象用于连接数据库和管理数据库的事务，它的一些属性是用来描述数据源和用户身份验证。

连接SQL Server数据库，代码如下所述。

```
string connectionString="Server=服务器名; User Id=用户; Pwd=密码; DataBase=数据库名称";
```

连接Access数据库，代码如下所述。

```
string connectionString="provide=提供者; Data Source=Access文件路径";
```

具体参数属性如表11-3所示。

表11-3 Connection对象的属性

属性	说明
Provider	这个属性用于设置或返回连接提供程序的名称，仅用于OleDbConnection对象
Connection Timeout	在终止尝试并产生异常前，等待连接到服务器的连接时间长度（以秒为单位）。默认值是15秒
Initial Catalog或Database	数据库的名称
Data Source或Server	连接打开时使用的SQL Server名称，或者是Microsoft Access数据库的文件名
Password 或pwd	SQL Server账户的登录密码
User ID 或uid	SQL Server登录的账户
Integrated Security	此参数决定连接是不是安全连接。可能的值有True、False和SSPI（SSPI是True的同义词）

1）应用SqlConnection对象连接数据库

调用Connection对象的Open方法或Close方法可以打开或关闭数据库连接，而且必须在设置好数据库连接字符串后才能调用Open方法，否则Connection对象不知道要与哪一个数据库建立连接。

```
string SqlStr="Server=YNXH; uid=sa; Pwd=; DataBase=djj";
SqlConnection con=new SqlConnection(SqlStr);
con.Open();
 if (con.State==ConnectionState.Open)
 {
    label1.Text="SQL Server数据库连接开启！";
    con.Close();
 }
 if (con.State==ConnectionState.Closed)
 {
    label2.Text="SQL Server数据库连接关闭！";
 }
```

注意 在使用SqlConnection类前要注意引用System.Data.SqlClient命名空间，命令是“using System.Data.SqlClient;”。同样的道理连接Mysql数据库也一样，不过Mysql数据库需要手动引入Mysql动态连接库文件。

2）连接MySql数据库

连接MySql数据库需要引入第三方编写的动态连接库文件MySql.Data.dll，这个文件可以从网上下载。具体代码如下所述。

```
    using  MySql.Data.MySqlClient;//导入连接mysql数据库的命名空间
    string SqlStr ="Server=YNXH;uid=root;Pwd=root;
 DataBase=djj"; //连接服务器
    MySqlConnection con = new MySqlConnection(SqlStr);
    con.Open();
     if (con.State == ConnectionState.Open)
     {
        label1.Text = "MySql数据库连接开启！";
        con.Close();
    }
    if (con.State == ConnectionState.Closed)
    {
        label2.Text ="MySql 数据库连接关闭！";
    }
```

2. Command对象

1） Command对象的属性与方法

使用Connection对象与数据源建立连接后，可以使用Command对象对数据源执行查询、添加、删除和修改等各种操作，操作实现的方式可以是使用SQL语句，也可以是使用存储过程。根据.NET Framework数据提供程序的不同，Command对象可以分成4种，分别是SqlCommand、OleDbCommand、OdbcCommand和OracleCommand，在实际的编程过程中应该根据访问的数据源不同，选择相对应的Command对象。表11-4和表11-5中分别列出了Command对象的常用方法和属性。

表11-4　Command对象的属性

属性	说明
Connection	指定与Command对象相联系的Connection对象
CommandType	指定命令对象Command的类型，有三种选择，分别是Text、StoreProcedure和TableDirect。Text表示是SQL语句，StoreProcedure表示存储过程，TableDirect表示表
CommandText	如果CommandType指明为Text，则此属性指出SQL语句的内容，Text为默认值。如果CommandType指明为StoreProcedure，则此属性指出存储过程的名称。如果CommandType指明为TableDirect，则此属性指出表的名称

表11-5 Command对象的常用方法

方法	说明
ExecuteReader	执行返回具有DataReader类型的行集数据的方法
ExecuteScaler	执行返回单一值的方法
ExecuteNonQuery	用于执行某些操作，返回的值是本次操作所影响的行数

2）Command对象操作数据

以操作SQL Server数据库为例，向数据库中添加记录时，首先要创建Sql Connection对象连接数据库，然后定义添加数据的SQL字符串，最后调用SqlCommand对象的ExecuteNonQuery方法执行数据的添加操作。

```
    SqlConnection conn=new SqlConnection("server=ynxh;uid=sa;pwd=123;DataBase=djj"); //创建连接对象，连接SQL Server数据库，括号内为数据库服务器的名称、账号、密码和需要访问连接的数据库名称。
    string sql = "insert into 学生表(学号,姓名,性别,年龄,专业编号,班级编号,学历,入学日期,图片) values(@sno,@sname,@sex,@age,@zid,@cid,@xli,@rdate,@photo)"; //定义sql字符串

    try
              {
                    SqlCommand cmd = new SqlCommand(sql,conn); //调用Command对象执行sql语句
                          cmd.Parameters.Add("@sno", SqlDbType.VarChar, 20).Value = textBox1.Text;
                         cmd.Parameters.Add("@sname", SqlDbType.NVarChar, 20).Value = textBox2.Text;
                    cmd.Parameters.Add("@sex", SqlDbType.Char, 2).Value = comboBox1.Text;
                    cmd.Parameters.Add("@age", SqlDbType.Int).Value = textBox3.Text;
                          cmd.Parameters.Add("@zid", SqlDbType.VarChar, 20).Value =zid;
                          cmd.Parameters.Add("@cid", SqlDbType.VarChar, 20).Value =cid;
                          cmd.Parameters.Add("@xli", SqlDbType.VarChar, 20).Value = comboBox4.Text;
```

```
                        cmd.Parameters.Add("@rdate", SqlDbType.
Date, 20).Value=dateTimePicker1.Value;
                       cmd. Parameters.Add("@photo", SqlDbType.
Image).Value =by;
                    cmd.ExecuteNonQuery();
                    MessageBox.Show("学生信息成功提交!");
                    textBox1.Clear();
                    textBox1.Focus();
                }
                catch(SqlException ex)
                {
                    MessageBox.Show(ex.Message);
                }
```

3）Command参数集合

Command命令对象的属性Parameters叫参数集合属性，它的主要功能用于设置SQL语句或存储过程的参数，以便正确处理输入、输出或返回值。

当存储过程包含参数时，应先创建参数对象，然后设置相对应的属性，再将其添加到Command对象的参数集合中去，这样才能正确处理存储过程中的输入、输出和返回值。具体属性如表11-6所示。

表11-6　Command 参数

属性	说明
ParameterName	指定参数的名字
SqlDbType	指定参数的数据类型，如整型、字符型等
Direction	指定参数的方向，具体见下面的表述： ParameterDirection.Input，指明为输入值 ParameterDirection.Output，指明为输出值 ParameterDirection.InputOutput，指明为输入或输出值 ParameterDirection.ReturnValue，指明为返回值
Value	指明输入参数的值

案例1

设计一个界面，用于插入一个班级的信息。设计界面如图11-3所示。

首先通过Connection对象连接数据库，然后通过Command对象来实现输入的录入。具体代码如下所述。

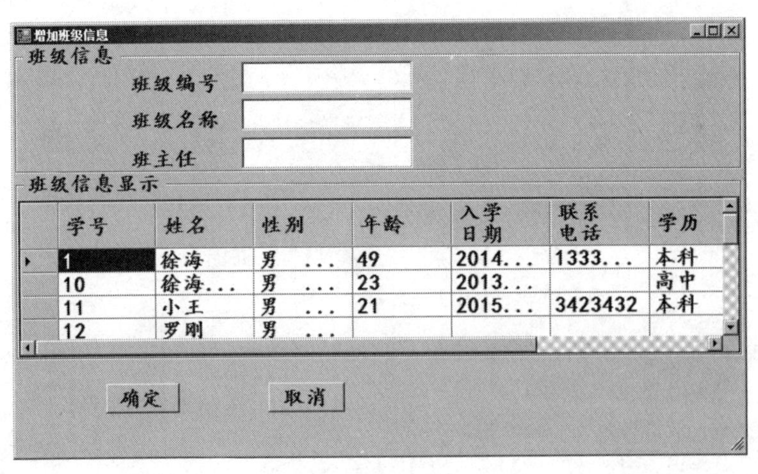

图 11-3 设计界面

```
    //连接服务器并打开
    con = new SqlConnection("server=ynxh; uid=sa; pwd=123;
database=djj");
    con.Open();
    string sql ="insert into 班级表(班级编号,班级名称,班主任)
values(@cid,@cname,@bzr) ";//定义SQL语句插入班级表，通过参数方式录
入，C#中参数在字符前加@符号
    SqlCommand cmd = new SqlCommand(sql,con); //实例化SqlCommand
对象
    try
      { //对参数进行赋值
    cmd.Parameters.Add("@cid", SqlDbType.NVarChar, 20).
Value=textBox1.Text;
    cmd.Parameters.Add("@cname", SqlDbType.NVarChar, 20).
Value=textBox2.Text;
    cmd.Parameters.Add("@bzr", SqlDbType.NChar, 20).
Value=textBox3.Text;
    cmd.ExecuteNonQuery();
    MessageBox.Show("班级信息成功提交服务器! ");
        }
     catch (SqlException ex)//sql异常处理
        {
           MessageBox.Show(ex.Message);
        }
```

案例2

在SQL Server 2016中定义一个存储过程，请写出运行此存储过程所需要的参数语句。服务器端代码如下所述。

```
CREATE  PROCEDURE au_info
@lastname varchar(40),
@firstname varchar(20)
AS
SELECT au_lname, au_fname, title, pub_name
   FROM authors a INNER JOIN titleauthor ta
      ON a.au_id = ta.au_id INNER JOIN titles t
      ON t.title_id = ta.title_id INNER JOIN publishers p
      ON t.pub_id = p.pub_id
   WHERE  au_fname=@firstname
      AND au_lname=@lastname
return @@rowcount
```

客户端代码如下所述。

```
SqlConnection conn=new SqlConnection();
conn.ConnectionString ="server=ynxh; database=djj;
UID=sa;PWD=123 ";
conn.Open();
//以下代码用于command对象的创建
 SqlCommand cmd=new SqlCommand();
 cmd.CommandText ="au_info";//指定存储过程的名称
 cmd.CommandType  =CommandType.StoredProcedure;//指定类型为存
储过程
 cmd.Connection =conn;//指定与command对象相关的connection对象
 以下代码用于创建第一个参数的输入。
 SqlParameter prmLName;
 prmLName=new SqlParameter();
 prmLName.ParameterName="@lastname";//指定参数的名称
 prmLName.Direction=ParameterDirection.Input;//指明为输入参数
 prmLName.SqlDbType=SqlDbType.VarChar;//指明参数的数据类型为
VarChar
 prmLName.Value="white";// 指明输入参数的输入值为white
```

4）数据阅读器的对象及其使用

数据阅读器DataReader的对象是从数据源中读取只读的且向前的数据流。它的特点是读取速度非常快，但需要手动编写代码来实现数据的处理工作。

DataReader对象随着所选择的数据提供程序的不同而不同，在选择的时候请根据数据提供程序来选择此对象。常见的DataReader对象是SqlDataReader和OleDbDataReader。

DataReader对象中数据的获得是通过Command对象的ExecuteReader方法而得到的，所以DataReader对象一般总是和Command一起使用的。

案例3

修改案例1的功能，在插入班级前，先判断该班级是否存在，如果存在则提示用户已经存在，否则录入班级信息。

分析：判断该班级是否存在可以通过Command对象的ExecuteReader来实现。具体代码如下所述。

```
    SqlConnection conn=new SqlConnection();
    conn.ConnectionString ="server=ynxh; database=djj; UID=sa; 
PWD=123 ";
    conn.Open();
    SqlCommand cmd=new SqlCommand("select * from 班级表 where班
级编号=' "+textBox1.text+"' ", conn);
    SqlDataReader sdr=cmd.ExecuteReader();
    if(sdr.Read())//判断该班级是否已经存在
    {
        MessageBox.Show("该班级已经存在，请重新输入！ ");
        textBox1.Clear;
        textBox1.Focus();
        sdr.Close();
    }
    else
    {
         string sql="insert into 班级表(班级编号,班级名称,班主任)
values(@cid,@cname,@bzr) ";
         SqlCommand cmd = new SqlCommand(sql, con); //实例化
SqlCommand对象
         try
         {
        cmd.Parameters.Add("@cid", SqlDbType.NVarChar, 20).
Value=textBox1.Text;
        cmd.Parameters.Add("@cname",SqlDbType.NVarChar, 20).
```

```
Value=textBox2.Text;
        cmd.Parameters.Add("@bzr",SqlDbType.NChar, 20).
Value=textBox3.Text;
    //通过Command对象给参数赋值
            cmd.ExecuteNonQuery();
            MessageBox.Show("班级信息成功提交服务器! ");
        }
        catch (SqlException ex)//sql异常处理
        {
            MessageBox.Show(ex.Message);
        }
    }
```

判断班级或学生信息是否存在，除通过Command对象和DataReader对象外，还可以通过DataAdapter对象来实现，具体代码如下所述。

```
    string sql = "select * from 班级表 where 班级编号='" +
textBox1.Text + "'";
    if (textBox1.Text.Length == 9) //如果班级编号的长度是9
    {
        SqlDataAdapter sda = new SqlDataAdapter(sql, con);
        DataSet ds = new DataSet();
        sda.Fill(ds);
        if (ds.Tables[0].Rows.Count==1) //当返回的数据为1的时候说明
该班级信息已经存在，如果为0则班级信息不存在
        {
            MessageBox.Show("该班级信息已经存在，请重新输入!");
            textBox1.Clear();
            textBox1.Focus();
        }
    }
```

3. DataSet对象

1）DataSet对象的简介

DataSet对象是ADO.NET的核心成员，它是支持ADO.NET断开式和分布式数据方案的核心对象，也是实现基于非连接的数据查询的核心组件。

2）DataSet的属性与方法

DataSet常用的属性与方法如表11-7和表11-8所示。

表11–7　DataSet的常用属性

属性	值
CaseSensitive	确定比较是否区分大小写
DataSetName	用于在代码中引用数据集的名称
DefaultViewManager	定义数据集的默认过滤和排序规则
EnforceConstraints	确定在更改过程中是否遵循约束规则
ExtendedProperties	自定义用户信息
HasErrors	指出数据集的数据行中是否包含错误
Namespace	读写XML文档时使用的命名空间
Tables	数据集中包含的数据表的集合

表11–8　DataSet的常用方法

方法	说明
Clear	清除数据集所有的表对象
Clone	复制数据集的结构
Copy	复制数据集的结构及其内容
GetChanges	返回一个只包含表中被更改了的行的数据集
GetXml	返回数据集的XML表示
GetXmlChanges	返回数据集架构的XSD表示
HasChanges	返回一个布尔值表示数据集是否有更改
Merge	合并两个数据集

4. DataAdapter对象

DataAdapter对象也就是数据适配器，是一种用来充当DataSet对象与实际数据源之间桥梁的对象，可以说只要有DataSet对象的地方就有DataAdapter对象，它也是专门为DataSet对象服务的。

1）数据适配器的属性

每一个数据适配器都包含对4个Command对象的引用，其中每个对象都有CommandText属性，该属性包含实际执行的SQL命令。每个数据适配器命令必须和一个连接关联。

2）数据适配器的方法

Fill方法：使用数据适配器的SelectCommand中指定的命令，把数据从数据源加载到数据集的一个或多个表中。

Update方法：将数据集中所做的更改自动回传到数据源。其常用属性和方法如表11-9和表11-10所示。

表11-9 DataAdapter的属性

属性	说明
SelectCommand	获取在数据源中选择记录的命令
InsertCommand	获取将新记录插入到数据源中的命令
UpdateCommand	获取更新数据源中记录的命令
DeleteCommand	获取从数据集中删除记录的命令

表11-10 DataAdapter的方法

方法	说明
Fill	从数据源中提取数据以填充数据集
Update	更新数据源

3）数据适配器的事件

OnRowUpdating事件引发的时间是在Update方法设置了要执行命令的参数值之后，在命令执行之前。在Update方法执行完，针对数据源的相应命令之后，OnRowUpdated事件将被引发。事件处理程序将接收到一个参数，该参数的属性如表11-11所示，提供了有关执行命令的基本信息。

表11-11 OnRowUpdating事件参数

属性	说明
Command	要执行的数据命令
Errors	由.NET数据提供程序生成的错误
Row	要更新的DataReader
Status	命令的更新状态（UpdateStatus）

根据数据提供程序的情况，该事件的处理程序将会传给SqlRowUpdatedEventArgs或OleDbRowUpdateEventArgs中的一个。

案例4

修改案例1的功能，在插入班级前，利用DataAdapter和DataSet先判断该班级是否存在，如果存在则提示用户已经存在，否则录入班级信息。

```
SqlConnection conn = new SqlConnection("server=ynxh;uid=sa;
pwd=123;database=djj");
conn.Open();
SqlDataAdapter sda = new SqlDataAdapter("select * from 班级
表", conn);
DataSet ds = new DataSet();//实例化数据集
sda.Fill(ds);//填充数据集
if (ds.Tables[0].Rows.Count>0)  //如果数据集中的数据大于0，说明
数据存在
{
    MessageBox.Show("该班级已经存在，请重新输入！");
    textBox1.Clear;
    textBox1.Focus();
}
else
{
string sql="insert into 班级表(班级编号,班级名称,班主任)
values(@cid,@cname,@bzr)";
SqlCommand cmd = new SqlCommand(sql, con); //实例化
SqlCommand对象
try
{
cmd.Parameters.Add("@cid", SqlDbType.NVarChar, 20).
Value=textBox1.Text;
cmd.Parameters.Add("@cname", SqlDbType.NVarChar, 20).
Value=textBox2.Text;
cmd.Parameters.Add("@bzr", SqlDbType.NChar, 20).
Value=textBox3.Text;
cmd.ExecuteNonQuery();
MessageBox.Show("班级信息成功提交服务器!");
 }
 catch (SqlException ex)//sql异常处理
 {
    MessageBox.Show(ex.Message);
 }
}
```

5. DataSet对象与DataReader对象的区别

ADO.NET中提供了两个对象用于检索关系数据：DataSet对象与DataReader对象。DataSet对象是将用户需要的数据从数据库中“复制”下来存储在内存中，用户是对内存中的数据直接操作。DataReader对象则像一根管道，连接到数据库上，抽出用户需要的数据后，管道断开，所以用户在使用DataReader对象读取数据时，一定要保证数据库的连接状态是开启的，而使用DataSet对象时就没有这个必要。

6. 数据操作控件

（1）DataGridView控件。

DataGridView控件又称为数据表格控件，是一种以表格形式显示数据的方式，DataGridView控件用于在窗体中显示表格数据，这种方式强大而灵活。

（2）创建DataGridView对象。

通常使用设计工具创建DataGridView对象。从工具箱中将DataGridView控件拖放到窗体上。

（3）DataGridView的属性、方法和事件。

DataGridView对象的常用属性和方法如表11-12和表11-13所示。其中Columns属性是一个列集合，由Column列对象组成。

表11-12 DataGridView的属性

属性	说明
AllowUserToAddRows	获取或设置一个值，该值指示是否向用户显示添加行的选项
AllowUserToDeleteRows	获取或设置一个值，该值指示是否允许用户从DataGridView中删除行
AllowUserToResizeColumns	获取或设置一个值，该值指示用户是否可以调整列的大小
AllowUserToResizeRows	获取或设置一个值，该值指示用户是否可以调整行的大小
DataSource	获取或设置DataGridView所显示数据的数据源
Columns	获取一个包含控件中所有列的集合

表11-13 DataGridView的事件

事件	说明
CellClick	在单元格的任何部分被单击时发生
CellContentClick	单击单元格的内容时发生

案例5

在一个窗体myForm1上拖放一个dataGridview1对象后，不设计其任何属性，可以使用以下程序代码来实现基本数据的绑定。

```
    string sql = "delete from 班级表 where 班级编号='"+textBox1.
Text+"'";
    if (MessageBox.Show("是否确定要删除该班级信息?","提示信息",
MessageBoxButtons.OKCancel, MessageBoxIcon.Question) =
DialogResult.OK)
     {
         SqlCommand cmd = new SqlCommand(sql, conn);
         cmd.ExecuteNonQuery();
         MessageBox.Show("该班级信息已经成功删除!");
         textBox1.Clear();
         textBox2.Clear();
         textBox3.Clear();
         textBox1.Focus();
     }
     string sql1 = "select * from 班级表";
     SqlDataAdapter sda = new SqlDataAdapter(sql1, conn);
     DataSet ds = new DataSet();
     sda.Fill(ds);
     dataGridView1.DataSource = ds.Tables[0];
```

（4）设计显示样式可以通过GridColor属性设置其网格线的颜色，例如，设置GridColor颜色为蓝色：“DataGridView1.GridColor = Color.Blue;”。

通过BorderStyle属性设置其网格的边框样式，其枚举值为：FixedSingle、Fixed3D和none。通过CellBorderStyle属性设置其网格单元的边框样式等。

案例6

设计一个窗体，采用DataGridView控件来实现对班级表中所有记录进行浏览操作，设计界面如图11-4所示。

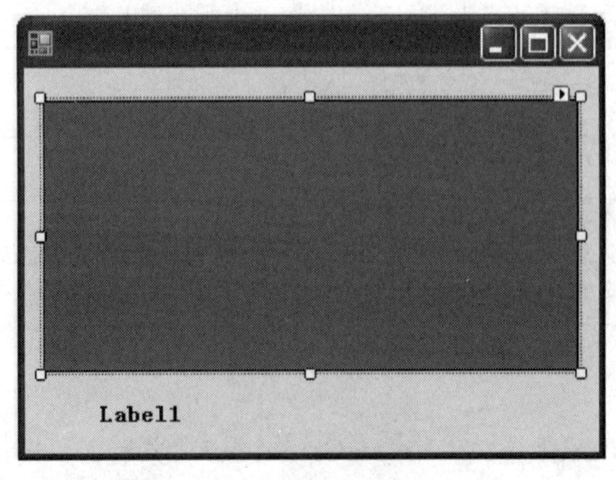

图11-4　设计界面

具体代码如下所示。

```
private void Form13_Load(object sender, EventArgs e)
{     string mystr,mysql;
      SqlConnection myconn = new SqlConnection();
      mystr="server=ynxh;uid=sa;pwd=123; database=djj";
      myconn.ConnectionString = mystr;
      myconn.Open();
      mysql="SELECT * FROM 班级表";
      SqlDataAdapter myda=new SqlDataAdapter(mysql, myconn);
      DataSet myds=new DataSet();
      myda.Fill(myds);
      dataGridView1.DataSource = myds.Tables[0];
}
private void dataGridView1_CellClick(object sender,
      DataGridViewCellEventArgs e)
{     label1.Text = "";
       try
       {    if (e.RowIndex < dataGridView1.RowCount - 1)
              label1.Text = "选择的班级编号为: " +
              dataGridView1.Rows[e.RowIndex].Cells[0].Value;
       }
       catch(Exception ex)
       {
          MessageBox.Show("需选中一个班级信息记录", "信息提示");
       }
}
```

程序运行后的效果如图11-5所示。

扩展知识：在DataGridview组件中获取任意行的代码，具体代码如下所述。

```
    dataGridView1.Row[dataGridView1.CurrentRow.Index].
Cells[5].Value.ToString();
```

其中Rows代表行，Cells代表列，如上代码中Cells[5]实际上是第六列，因为数组下标从0开始。

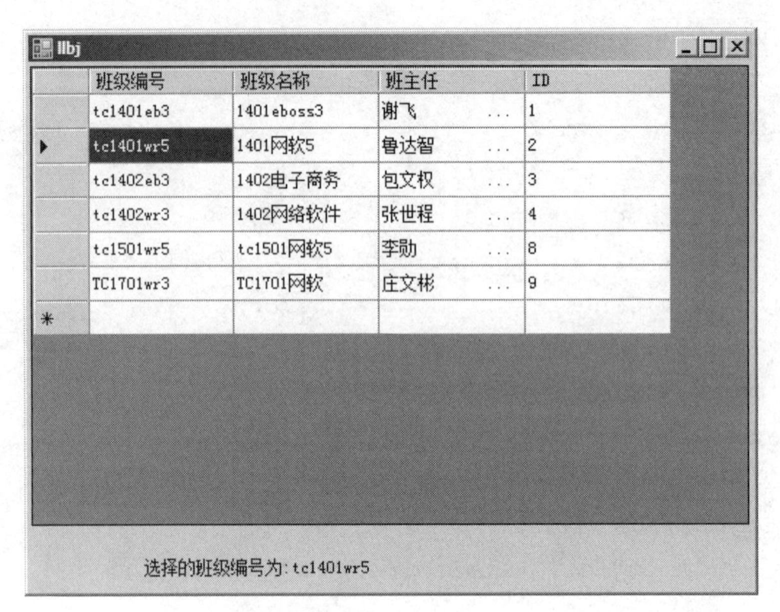

图11-5　运行结果

（5）ListView控件。

ListView控件也是数据显示控件之一，与DataGridView不同的是，通过ListView控件显示数据需要通过代码实现。通过修改案例6，把DataGridView控件变成ListView控件来学习ListView控件的应用。

设计界面如图11-6所示。

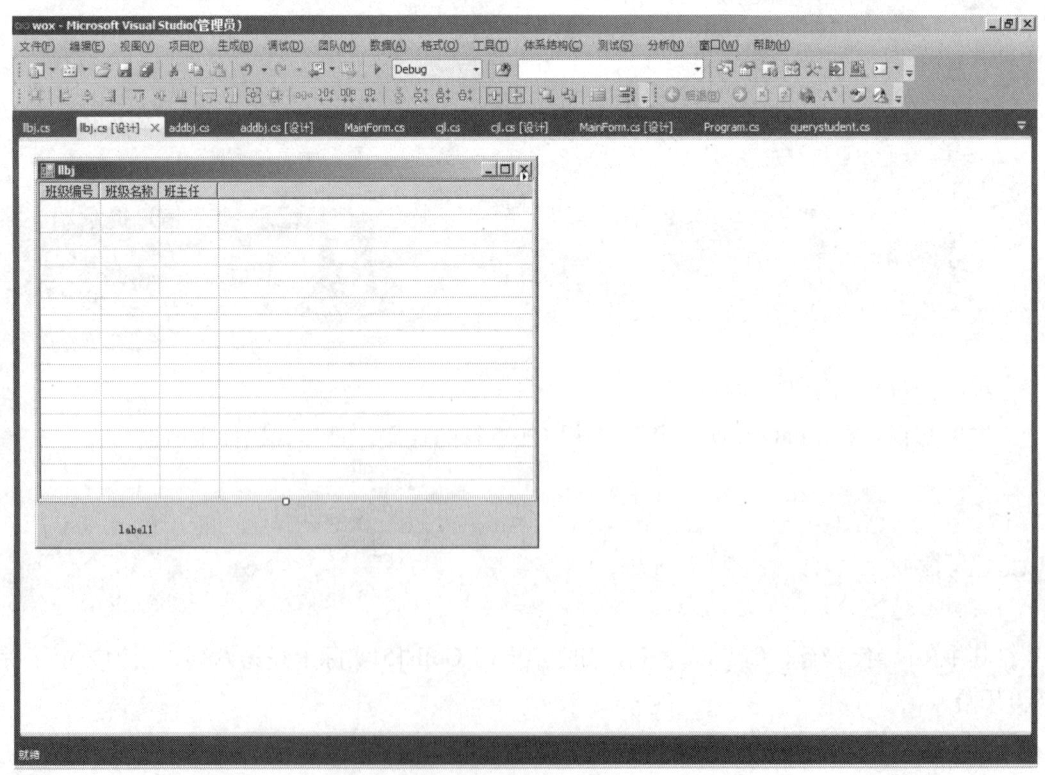

图11-6　设计界面

在设计界面时，需要设置ListView的属性GridLines为true，属性view为Details，为属性Columns添加三个列，分别为班级编号、班级名称和班主任。

事件代码如下所述。

```
private void llbj_Load(object sender, EventArgs e)
{
    string mystr, mysql;
    SqlConnection myconn = new SqlConnection();
    DataSet myds = new DataSet();
    mystr = "server=html; uid=sa; pwd=123; database=djj";
    myconn.ConnectionString = mystr;
    myconn.Open();
    mysql = "SELECT * FROM 班级表";
    SqlDataAdapter myda = new SqlDataAdapter(mysql, myconn);
   myda.Fill(myds);
  for (int i = 0; i < myds.Tables[0].Rows.Count; i++)
  {
  listView1.Items.Add(myds.Tables[0].Rows[i][0].ToString());
listView1.Items[listView1.Items.Count-1].SubItems.Add(myds.
Tables[0].Rows[i][1].ToString());
  listView1.Items[listView1.Items.Count - 1].SubItems.
Add(myds.Tables[0].Rows[i][2].ToString());
   }
}
private void listView1_Click(object sender, EventArgs e)
{
label1.Text = "选择的班级编号为:" +listView1.Items[listView1.
SelectedItems[0].Index].Text;
}
```

程序运行后的结果如图11-7所示。

llbj

班级编号	班级名称	班主任
tc140...	1401e...	谢飞 ...
tc140...	1401...	鲁达...
tc140...	1402...	包文...
tc140...	1402...	张世...
tc150...	tc150...	李勋 ...
TC170...	TC170...	庄文...

选择的班级编号为:TC1701wr3

图11-7　运行结果

7. 图片文件的读写

在数据库编程中经常需要对图片进行处理，如图片的导入或浏览。本小节结合ADO.NET中的相关对象与文件IO章节的相关知识进行图片的写入与浏览。

设计界面如图11-8所示。

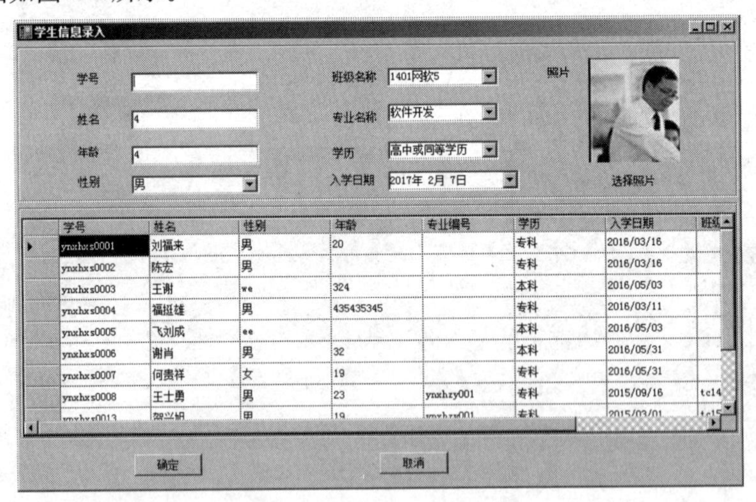

图11-8　设计界面

事件代码如下所述。

```
private void addstudent_Load(object sender, EventArgs e)
//窗体加载事件中完成数据库服务器的连接并显示班级名称和专业名称
{
    conn = new SqlConnection("server=html; uid=sa; pwd=123;
```

```
database=djj");
        conn.Open();
        string  sql="select * from 学生表";
        SqlDataAdapter sda = new SqlDataAdapter(sql, conn);
        DataSet ds = new DataSet();
        sda.Fill(ds);
        dataGridView1.DataSource = ds.Tables[0];
        string sql1="select 班级名称 from 班级表";//在组合框2中显示
所有的班级名称

        SqlDataAdapter sda1 = new SqlDataAdapter(sql1, conn);
        DataSet ds1 = new DataSet();
        sda1.Fill(ds1);
        for (int i=0; i<ds1.Tables[0].Rows.Count;i++)
        {
                  comboBox2.Items.Add(ds1.Tables[0].Rows[i][0].
ToString());
        }

        string sql2 = "select 专业名称 from 专业表";//在组合框3中显
示所有的专业名称
        SqlDataAdapter sda2 = new SqlDataAdapter(sql2, conn);
        DataSet ds2 = new DataSet();
        sda2.Fill(ds2);
        for (int i = 0; i<ds2.Tables[0].Rows.Count;i++)
        {
                  comboBox3.Items.Add(ds2.Tables[0].Rows[i][0].
ToString());
        }
    }

    private void button1_Click(object sender, EventArgs e) //插
入学生相关信息，图片信息通过文件流和二进制文件来写入
    {
      FileStream fs = new FileStream(openFileDialog1.FileName,
FileMode.Open, FileAccess.Read);
    BinaryReader br = new BinaryReader(fs);
```

```
    byte[] by = br.ReadBytes((int)fs.Length);
    string sql = "insert into 学生表(学号,姓名,性别,年龄,专业编号,
班级编号,学历,入学日期,图片) values(@sno,@sname,@sex,@age,@zid,
@cid,@xli,@rdate,@photo) ";
    try
    {
    SqlCommand cmd = new SqlCommand(sql, conn);
    cmd.Parameters.Add("@sno", SqlDbType.VarChar, 20).Value =
textBox1.Text;
    cmd.Parameters.Add("@sname", SqlDbType.NVarChar, 20).Value
= textBox2.Text;
    cmd.Parameters.Add("@sex", SqlDbType.Char, 2).Value =
comboBox1.Text;
    cmd.Parameters.Add("@age", SqlDbType.Int).Value = textBox3.
Text;
```

在“cmd.Parameters.Add("@zid", SqlDbType.VarChar, 20).Value =zid;”中，zid代表专业编号，cid代表班级编号，组合框中用户选择的是名称需要转换，具体如何转换读者朋友可以自行思考。

读者如何实现将班级名称或专业名称转换成班级编号或专业编号，具体代码如下所述。

```
    cmd.Parameters.Add("@cid", SqlDbType.VarChar, 20).Value =cid;
    cmd.Parameters.Add("@xli", SqlDbType.VarChar, 20).Value =
comboBox4.Text;
    cmd.Parameters.Add("@rdate", SqlDbType.Date, 20).
Value=dateTimePicker1.Value;
    cmd. Parameters.Add("@photo", SqlDbType.Image).Value = by;
    cmd.ExecuteNonQuery();
    MessageBox.Show("学生信息成功提交!");
    textBox1.Clear();
    textBox1.Focus();
      }
      catch(SqlException ex)
      {
        MessageBox.Show(ex.Message);
      }
```

```
    }
    private void label10_Click(object sender, EventArgs e) //选择图片代码
    {
        openFileDialog1.Filter = "图片(*.jpg)|*.jpg|所有文件(*.*)|*.*";
        openFileDialog1.DefaultExt ="*.jpg";
        openFileDialog1.CheckFileExists =true;
        openFileDialog1.CheckPathExists =true;
        openFileDialog1.Title ="打开";
        openFileDialog1.FileName ="*.jpg";
        if (openFileDialog1.ShowDialog()==DialogResult.OK)
        {
        pictureBox1.Image = Image.FromFile(openFileDialog1.FileName);
        }
    }
```

上面的代码主要是完成图片信息的录入，如果要把图片信息浏览出来，需要如何实现呢?

比如，把学生姓名和照片显示出来，窗体与案例6一致，当用户点击表格时，姓名信息和照片信息显示在相关组件上。具体代码如下所述。

```
    private void dataGridView1_CellClick(object sender, DataGridViewCellEventArgs e)
    {
       strnames = dataGridView1.Rows[e.RowIndex].Cells[1].Value.ToString();
      string strmz = "select 姓名,图片 from 学生表 where 姓名='" + strnames + "'";
        if (strnames != "")
        {
         SqlDataAdapter sda = new SqlDataAdapter(strmz, conn);
        DataSet ds = new DataSet();
        sda.Fill(ds);
        textBox2.Text = ds.Tables[0].Rows[0][0].ToString();
```

```
        byte[] strds = (byte[])ds.Tables[0].Rows[0][1]; //实列
化数据流
        MemoryStream ms = new MemoryStream(strds);
        pictureBox1.Image = Image.FromStream(ms);
        }
    }
```

8. 验证码的生成与调用

设计界面如图11-9所示。

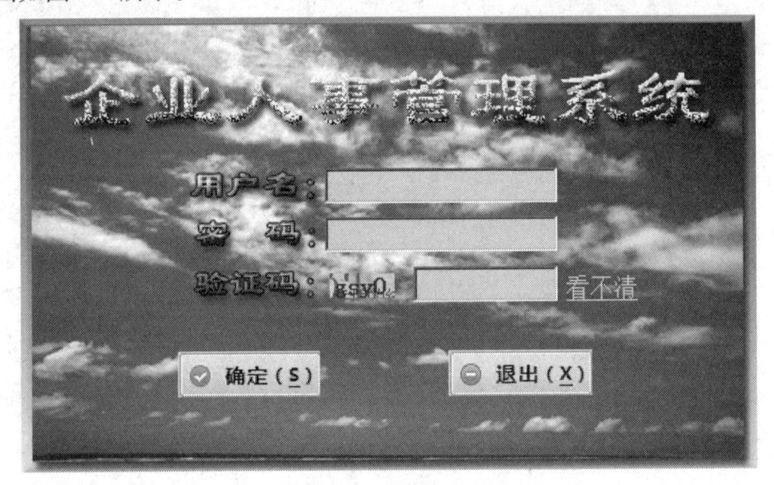

图11-9　设计界面

代码设计过程如下所述。

```
    public string RandomNum(int n) //自定义一个函数，用于随机生成验证码
    {
    string strchar= "0,1,2,3,4,5,6,7,8,9,A,B,C,D,E,F,H,I,J,K,L
,M,N,O,P,Q,R,S,T,U,V,W,X,Y,Z,a,b,c,d,e,f,i,j,k,l,m,n,o,p,q,r,s
,t,u,v,w,x,y,z";
     string[] VcArray = strchar.Split(',');
     string VNum = "";
     int temp = -1;
     Random rand = new Random();
     for (int i = 1; i <= n ; i++)
     {
        if (temp != -1)
        {
         rand = new Random(i * temp * unchecked((int)DateTime.
```

```
Now.Ticks));
        }
      int t = rand.Next(50);
      if (temp != -1 && temp == t)
      {
       return RandomNum(n);
      }
       temp = t;
      VNum += VcArray[t];
     }
    return VNum;
   }

   private void login_Load(object sender, EventArgs e) //窗体
加载时随机生成4位验证码并显示在label1中
   {
       label1.Text = RandomNum(4);
       pictureBox2.Visible = false;
   }
      private void label2_Click(object sender, EventArgs e) //
看不清标签，单击事件下的代码，重新生成4位验证码
      {
         label1.Text = RandomNum(4);
      }
```

11.2 使用ADO.NET读取和写入XML

XML文件是一种文件格式，在C#中无论是WinForm里面的App.config文件还是WebForm程序中的web.config文件，都是通过XML文件实现的。XML是Internet环境中跨平台的文件，是当前处理结构化文档信息的有力工具。

11.2.1 创建XSD架构

1. XSD架构简介

XSD是当前架构定义的标准，用于定义有效的XML文档所需的结构。与数据库架构非常类似，XML架构也可用来验证XML文件的内容和结构。创建一个XSD架构作为可被

实例文档引用的独立文档，独立文档的扩展名是.xsd。

当创建新的DataSet时，可以从XSD架构中加载结构，或者使用代码创建结构。在DataSet中使用XSD架构的基本原因是导入数据并知道该数据的结构以及描述要导出给另一个用户的数据结构。

XML架构是通过元素和特性来定义的。一般来说，元素表示原始数据，特性表示元数据，两者具体的区别如下所述。

（1）元素可以包含其他项，特性则是最基本的单位。

（2）表示数据时，元素可出现多次，特性只能出现一次。

（3）架构通过使用<xs:sequence>标记，指定元素必须按指定顺序出现，特性则能以任何顺序出现。

（4）特性只能使用内置的数据类型，元素可以由用户定义的类型来定义。

2. 创建和推断XSD架构

在Visual Studio.NET开发环境中，既可以利用Visual Studio架构设计器工具来创建和编辑XSD架构文档，也可以从XML数据文件中推断出XSD，还可以根据DataSet导出架构信息。

（1）利用Visual Studio架构设计器工具来创建和编辑XSD架构文档。

（2）从XML数据文件中推断出XSD。

（3）利用DataSet导出架构信息。

如果应用程序允许其他应用程序和服务与XML数据集成，那么可能需要将包含在DataSet中的架构和数据保存到一个或多个文件中。利用DataSet生成XSD文件有两种方法，即WriteXmlSchema和GetXmlSchema。

11.2.2 加载XML架构到DataSet

1. XSD加载到DataSet的原因

在加载XML数据前，必须在DataSet中创建关系数据结构，即创建内部映射来处理XML数据和创建关系对象之间的转换，以访问该XML数据。

2. 加载方法

（1）使用XSD架构。

（2）从XML数据中推断架构。

（3）使用代码生成表和创建关系手动创建DataSet结构。

3. 从文件加载XSD架构

1）通过ReadXmlSchema方法从文件加载XSD架构

若要从XML文档中加载DataSet的架构而不加载任何数据，可以使用DataSet的ReadXmlSchema方法。ReadXmlSchema使用XML架构定义语言DataSet架构。该方法采用单个参数，如文件名、流包含要加载的XML文档的XmlReader。该XML文档可以仅包含架构，也可以包含与包含数据的XML元素内联的架构。

如果向 ReadXmlSchema传递的XML文档不包含内联架构信息，ReadXmlSchema将从XML文档中的元素推断架构。如果DataSet已经包含架构，当前架构将通过向现有表添加新列和添加新表（如果它们尚不存在）来进行扩展。如果所添加的列已存在于DataSet中，但该列的类型与XML中的相应列不兼容，将引发异常。要注意的是，ReadXmlSchema仅加载或推断DataSet的架构，而DataSet的ReadXml方法则将加载或推断XML文档中包含的架构和数据。该方法的语法如下所述。

```
    DataSet.ReadXMLSchema (Byval filename as string | stream
as stream | reader  as textreader | reader as xmlreader )
```

2）通过XML设计器加载XSD架构

通过XML数据文件推断DataSet架构，除了使用编程方式外，还可以通过XML设计器的工具导入数据，并且推断出架构。另外，还可以将数据及架构信息显示在窗体控件上。

11.2.3 使用ADO.NET读写XML

1. DataSet读取XML数据

若要使用 XML 中的数据填充 DataSet，可以使用DataSet 对象的 ReadXml 方法。该方法可以从只包含XML数据的XML文件中加载数据，也可以从包含XML数据和内联架构的文件中加载数据。内联架构是出现在XML数据文件开始部分的XSD架构。该架构描述了出现在XML文件中架构之后的XML信息。语法格式如下所述。

```
  Dataset.ReadXml(Stream | FileName | TextReader |
xmlReader, {Byval mode as XmlReadMode})
```

2. 将DataSet写入XML数据

利用数据集的WriteXml方法，可以将DataSet中的数据或架构信息写入文件或流。语法格式如下所述。

```
  public void WriterXml(String  filename | Stream stream |
TextWriter writer | XmlWriter writer, {XmlWriteMode  mode})
```

XmlWriteMode参数的具体含义如表11-14所示。

表11-14 XmlWriteMode参数

参数	说明
IgnoreSchema	生成只包含数据，不包含架构信息的XML文件
DiffGram	DiffGram格式的XML文件包含数据的原始值和当前值
WriteSchema	生成包含架构和数据的XML文件，如果DataSet没有架构信息，则不创建文件

设计一个界面，设计界面如图11-10所示。

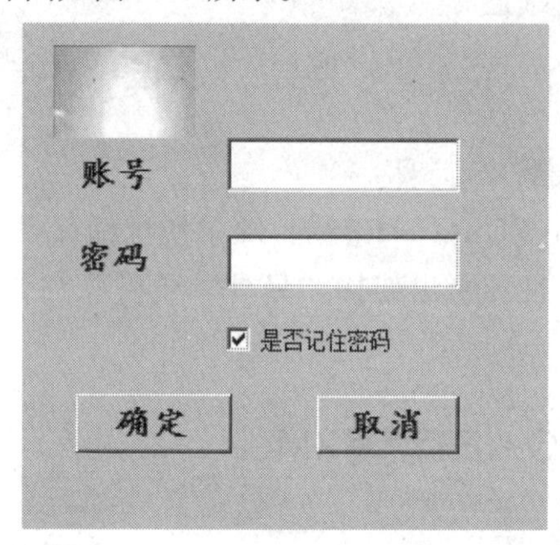

图11-10 设计界面

具体代码如下所述。

```
    private void chjzmm_CheckedChanged(object sender,
EventArgs e)
    {
    if (chjzmm.Checked)//判断是否记住密码，复选框是否选中
    {//通过Application.StartupPath方法来获取user.xml文件，如果文
件不存在则执行以下代码
      if (!File.Exists(Application.StartupPath + "\\user.xml"))
      {// 创建xml文档、编码方式和节点
         XmlDocument doc = new XmlDocument();
         XmlDeclaration xmlDecl = doc.
CreateXmlDeclaration("1.0", "gb2312", null);
         XmlElement elem1=doc.CreateElement("users");
         XmlElement elem2=doc.CreateElement("user");
         XmlElement elem3=doc.CreateElement("username");
         XmlElement elem4=doc.CreateElement("pwd");
         doc.AppendChild(xmlDecl);
```

```
        doc.AppendChild(elem1);
        elem1.AppendChild(elem2);
        elem2.AppendChild(elem3);
        elem2.AppendChild(elem4);
        elem3.InnerText=textBox1.Text;
        elem4.InnerText=textBox2.Text;
        doc.Save(Application.StartupPath+"\\user.xml");
    }
    else
    {
        XmlDocument doc=new XmlDocument() ;
        doc.Load(Application.StartupPath+"\\user.xml");
        XmlNode root =doc.SelectSingleNode("users");
        XmlElement elem1=doc.CreateElement("user");
        XmlElement elem2=doc.CreateElement("username");
        XmlElement elem3=doc.CreateElement("pwd");
        root.AppendChild(elem1);
        elem1.AppendChild(elem2);
        elem1.AppendChild(elem3);
        elem2.InnerText=textBox1.Text;
        elem3.InnerText=textBox2.Text;
        doc.Save(Application.StartupPath+"\\user.xml");
    }
  }
```

在窗体加载事件中写入如下代码。

```
    if (File.Exists(Application.StartupPath+"\\user.xml"))
   {
  XmlTextReader xtr = new XmlTextReader(Application.
StartupPath + "\\user.xml");
   while (xtr.Read())
    {
       if (xtr.LocalName.Equals("username"))
         {
           textBox1.Text=xtr.ReadString();
         }
```

```
        if (xtr.LocalName.Equals("pwd"))
        {
              textBox2.Text=xtr.ReadString();
        }
      }
    xtr.Close();
  }
```

11.3 服务器连接

公共类的编写主要是方便后期的维护，否则一个项目有100个窗体，就需要写100个连接。当服务器发生变化后的维护成本非常大，基于此，写程序的过程中经常需要把反复用到的程序封装成类，并定义好相应的方法，供其他程序调用。

11.3.1 连接服务器公共类的编写

编写连接类

创建一个名为MyClass的类，该类中有全局的静态属性conn和mystr，并定义了一个静态的方法getconn()，具体代码如下所述。

```
    class MyClass
    {
       public static SqlConnection conn;
    public static string mystr = "server=(local); uid=sa;
pwd=123; database=djj";
      public static SqlConnection getconn()
      {
              conn = new SqlConnection(mystr);
              conn.Open();
              return conn;
      }

      public static DataSet ds(string x)  //定义一个返回数据集合的
方法
      {
```

```
            MyClass.getconn();
            string sql = x;
    SqlDataAdapter sda = new SqlDataAdapter(sql, MyClass.conn);
            DataSet ds = new DataSet();
            sda.Fill(ds);
            return ds;
        }
```

类和相关方法写好后，可以在其他程序中应用。还是以班级信息录入为例，学习通过公共类连接服务器。

具体代码如下所述。

```
    private void addbj_Load(object sender, EventArgs e) //窗体
初始化时，在表格中显示班级信息，通过调用自己编写的类方法实现
    {
        MyClass.getconn();
        string sql = "select * from 班级表";
        dataGridView1.DataSource =MyClass.ds(sql).Tables[0];
    }

    private void button1_Click(object sender, EventArgs e) //在
按钮事件中录入班级信息
    {
        try
      {
         string sql="insert into 班级表(班级编号,班级名称,班主任)
values(@cid,@cname,@bzr)";
       SqlCommand cmd =new SqlCommand(sql, MyClass.getconn());
         cmd.Parameters.Add("@cid", SqlDbType.NVarChar, 20).
Value = textBox1.Text;
         cmd.Parameters.Add("@cname",SqlDbType.NVarChar, 20).
Value =textBox2.Text;
        cmd.Parameters.Add("@bzr", SqlDbType.NChar, 20).Value =
textBox3.Text;
       cmd.ExecuteNonQuery();
       MessageBox.Show("班级信息成功提交服务器！");}
       catch (SqlException ex)
```

```
        {
                MessageBox.Show(ex.Message);
        }
        string sql1="select * from 班级表";
        SqlDataAdapter sda=new SqlDataAdapter(sql1, MyClass.
getconn());
        DataSet ds = new DataSet();
        sda.Fill(ds);
        dataGridView1.DataSource = ds.Tables[0];
        }
    private void textBox1_TextChanged(object sender, EventArgs
e) //判断该班级是否存在
      {
         string sql = "select * from 班级表 where 班级编号='"
+textBox1.Text + "'";
         SqlDataAdapter sda = new SqlDataAdapter(sql, MyClass.
getconn());
        DataSet ds = new DataSet();
        sda.Fill(ds);
        if (ds.Tables[0].Rows.Count==1)
          {
              MessageBox.Show("该班级信息已经存在，请重新输入！ ");
              textBox1.Clear();
              textBox1.Focus();
          }
    }
```

11.3.2 通过App.Config文件连接

1. 什么是App.Config

App.Config文件全称为应用程序配置文件，是标准的XML文件，XML标记和属性是区分大小写的。它是可以按需要更改的，开发人员可以使用配置文件来更改设置，而不必重编译应用程序。

配置文件的根节点是configuration。经常访问的是appSettings，它是.Net预定义配置项。

2. 添加过程

（1）向项目添加app.config 文件。

右击项目名称，选择“添加”→“添加新建项”命令，在出现的“添加新项”对话框中选择“添加应用程序配置文件”。如果项目以前没有配置文件，则默认的文件名称为“app.config”，单击“确定”按钮。出现在设计器视图中的app.config 文件代码如下所示。

```
<?xml version="1.0" encoding="utf-8" ?>
<configuration>
  <connectionStrings>
     <add name="conn" connectionString="server=html;databas
e=djj;uid=sa;pwd=123;Integrated Security=false"
       providerName="System.Data.SqlClient"/>
  </connectionStrings>
</configuration>
```

添加过程如图11-11所示。

图11-11　添加app.config配置文件

（2）connectionStrings 配置项<!-- 数据库连接串 -->。

```
<connectionStrings >
<clear />
<add name="conJxcBook "
```

```
    connectionString="server=html; database=djj; UID=sa;
password=123 "
    providerName = "System.Data.SqlClient " />
    </ connectionStrings >
```

3. C#读写app.config中的数据

通过C#读取app.config中的数据，按以下步骤实现。

（1）编写XML代码。

```
        <?xml version="1.0" encoding="utf-8" ?>
        <configuration>
        <connectionStrings>
          <add name="conn" connectionString="server=html;
database=djj;uid=sa;pwd=123;Integrated Security=false"
providerName="System.Data.SqlClient"/>
        </connectionStrings>
        </configuration>
```

（2）在解决资源方案管理器中添加引用。

```
         System.Configuration
```

（3）在窗体中通过using 语句引入命名空间。

```
        using System.Configuration
```

（4）在事件下编写如下代码。

```
      string str=ConfigurationManager.ConnectionStrings["conn"].
ConnectionString;
    sqlconnection conn=new sqlconnection(str);
      conn.open();
```

如果XML文件写成如下形式。

```
    <appSettings>
    <add key="conn" value="server=(local);database=stuks;uid=s
```

```
a;pwd=123"/>
    </appSettings>
    <connectionStrings/>
```

则连接时写成如下语句，其他的与上述一致。

```
    con=new SqlConnection(ConfigurationManager.
AppSettings["conn"]);
```

11.4 C#中调用存储过程

1. 存储过程的概念和优点

（1）存储过程是在数据库服务器上编写和调试，在客户端调用，比如可以通过Java、PHP和C#等语言来调用。存储过程在第一次执行时进行语法检查和编译。存储过程由应用程序通过一个调用来执行，而且允许用户声明变量，在定义存储过程中可以定义接收输入和输出参数。

（2）与传统的SQL语句相比，使用存储过程具有以下优点。

a. 允许模块化编程。

模块化编程便于在创建存储过程后，将其存放在数据库中，可以在程序中多次调用。并且对数据库的任何更新或更改都隐藏在存储过程之中，可以由精通数据库编程的开发人员独立完成。

b. 更快的执行速度。

如果一个程序需要大量的Transact-SQL代码，或需要被反复执行，那么使用存储过程的速度会快很多。因为存储过程是放在服务器端执行的，通过网络把计算机结果传递给调用的客户端。一般来说，服务器的配置相比客户端来说要高很多，同样的计算在服务器端执行比在客户端执行效率要高很多。存储过程在创建时被解析和优化，并且存储过程在第一次执行之后，便驻留在内存中，供后续使用。

c. 减少网络流量。

一个需要数百行Transact-SQL语句的操作有时只需要执行一条调用存储过程的语句就可以了。在网络上传送一个调用而不是几百行的代码，可以减少网络流量，提高响应速度。

d. 增强数据库的安全性。

一个用户可能没有执行存储过程中语句的权限，但是可以被赋予执行存储过程的权限，这就增强了数据库的安全性。另外，可以通过存储过程来隐藏用户可用的数据和数据操作中涉及的商业规则，提高了数据的安全级别。

2. 创建用户自定义的存储过程

除了使用系统存储过程，用户还可以创建自己的存储过程。实际上，现实工作中大部分存储过程都是程序员或数据库管理员创建的。用于创建存储过程的T-SQL语句为Create procedure。所有的存储过程都创建在当前数据库中。以下内容将详细介绍如何通过T-SQL语句来创建用户自己编写的存储过程。

（1）创建不带参数的存储过程。

语法为:

```
Create procedure 存储过程名称
As
T-SQL语句
```

案例1

创建一个名为proc_stu的存储过程，用于查询“徐文龙”同学的“SQL Server”考试成绩。

```
Use  HTML
Go
--判断存储过程是否存在，如果存在则删除，否则新建
If Exists(select * from sysobjects where name='proc_stu')
Drop procedure proc_stu
Go
--创建存储过程
Create procedure proc_Stu
As
Select 成绩,姓名,课程名称
From 学生表 a,课程表 b,成绩表 c
Where a.学号=c.学号 and
b.课程编号=c.课程编号 and 课程名称='sql  server' and 姓名='徐文龙'
Go
```

案例1的输出结果如图11-12所示。

（2）创建带输入参数的存储过程。

在程序设计语言中，调用带参数的函数时，需要传递实际参数给形式参数，存储过程中的参数与此非常类似，存储过程中的参数分为输入参数和输出参数两种。

输入参数：可以在调用存储过程中传递参数，此类参数可用在存储过程中给参数赋值。

输出参数：和其他程序设计语言一样，如果希望返回值，则可以使用输出参数，输出参数后有OUTPUT的标记。执行存储过程后，将把返回值存放在输出参数中，可供其

他T-SQL语句读取和访问。

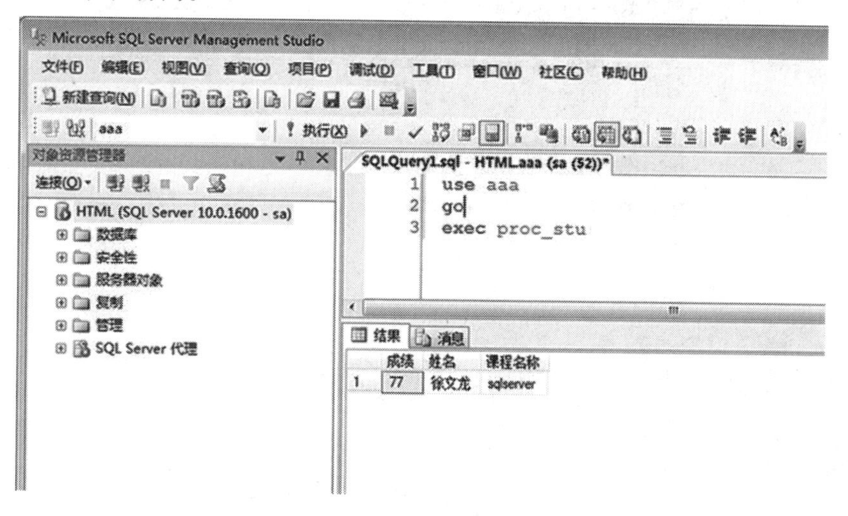

图11-12　输出结果

在SQL Server中创建存储过程的语法结构如下所述。

```
Create procedure  存储过程名称
@参数1  数据类型  [output]  //参数分为输入参数和输出参数，默认情况下输入参数不用关键字input，如果是输出参数则需要使用output参数
……
@参数n 数据类型
As
T-SQL语句
```

其中，output表示此参数为输出参数，否则视为普通的输入参数，输入参数可以设定默认值。

案例2

工厂日历是制造企业ERP系统的一个重要组成部分，数据来自数据库。本例中具体的目的是生成一个月的日期和工作状态，还有就是最大工时和最小工时，并根据当前日期是不是星期六或星期日来调整工作状态，如果当前日期是星期六或星期日则工作状态为休息，否则为工作日。

根据以上业务需求进行操作。

在SQL Server中建立一张名为Factory_date的表，在这个表中建立四个字段Pdate、State、maxworktime、minworktime。Pdate字段的数据类型为日期时间型，State字段的数据类型为字符型，其余两个字段为整型数据，用于存放每天最长工作时间和最短工作时间。企业业务里一般最大工时为20小时，最小工时为8小时。Pdate字段为主键，用于存储调用存储过程后生成的日期；State字段有工作日和休息两个值。表结构如图11-13所示。

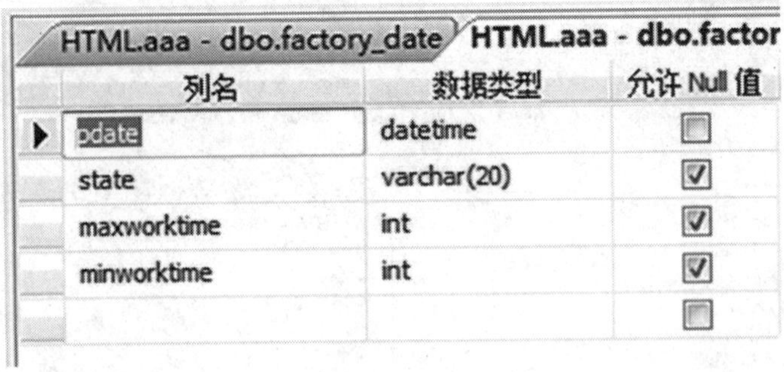

HTML.aaa - dbo.factory_date | HTML.aaa - dbo.factor

列名	数据类型	允许 Null 值
pdate	datetime	☐
state	varchar(20)	☑
maxworktime	int	☑
minworktime	int	☑
		☐

图11-13　表结构

服务器端的代码如下所示。

```
Use djj
Go
--判断存储过程是否存在，如果存在则删除，否则新建
If Exists(select * from sysobjects where name='proc_
calendar')
Drop procedure proc_calendar
Go
create procedure proc_calendar
@pmonth varchar(10)
as
declare @v_Firstday  datetime
declare @v_lastday   datetime
declare @v_date      datetime
declare @v_sumdays   int
declare @v_counter   int
--查询出当月数据是否存在
select @v_counter=count(*) from factory_date
where substring(convert(varchar(10),pdate),1,7)=@pmonth
if @v_counter=0  --如果当月没有数据
set @v_Firstday=convert(datetime,@pmonth+'-01') --当月第一天
set  @v_lastday=dateadd(mm,datediff(mm,0,@v_Firstday)+1,0)-1
--当月最后一天
set @v_sumdays=day(@v_lastday)-1   --循环天数
set @v_counter=0
while @v_counter<=@v_sumdays  --循环插入天数
  begin
    set @v_date=@v_Firstday+@v_counter --这个月的第一天
```

```
        insert into factory_Date(pdate,state,maxworktime,minw
orktime)
        values(@v_date,'工作日',20,8)
        update factory_date set state='休息' --如果插入的这天是
星期六或星期天，则工作状态修改为休息
        where datename(dw,pdate) in ('星期六','星期日')
        set @v_counter=@v_counter+1  --循环下一天，返回循环看是否
满足条件
    end
```

在C#客户端的按钮单击事件中编写代码。

```
    SqlConnection myconn=newSqlConnection("server=html;uid=sa;
pwd=123;database=djj");
     DataSet myds = new DataSet();
     myconn.Open();
    SqlCommand cmd=new SqlCommand("proc_calendar", myconn);
    cmd.CommandType=CommandType.StoredProcedure;
    //给输入参数赋值，从文本框中输入要生成日历的年和月
    cmd.Parameters.Add("@pmonth", SqlDbType.VarChar, 20).
Value=textBox1.Text;
    cmd.ExecuteNonQuery();
```

案例3

银行卡的卡号一般为19位（含空格），如 1010 6787 2567 1122，每4位数一组，中间用空格隔开。卡号和电话号码一样，对于某个银行来说，前8位数字是固定的（代表某个银行和地区），后面8个数字代表银行卡的编号，要求随机的。通过编写存储过程proc_cardID实现相应功能，即产生随机卡号（前8位默认为1010 3576）。

分析：本例涉及随机函数rand()、空格函数space()和字符串截取函数substring()。其中，rand()函数的参数组成一般为：当前月份*100000+当前秒数*1000+当前的毫秒数。

这样产生重复数的概率就只有理论上是可能的，通过rand（随机种子）产生0~1之间的随机数，通过转化成字符串后由substring进行4位数的截取，然后组合在一起就形成了卡号并输出，具体服务端代码如下所述。

```
  create procedure proc_cardID
  @mycardid varchar(20) output
  as
```

```
    declare @r numeric(15,8)    --定义小数位有8位
    declare @tempstr varchar(20)
    declare @s varchar(20)
    select  @r=rand(month(getdate())*100000+datepart(ss,getdate
())*1000+datepart(ms,getdate()))  --随机种子
    set @s=convert(varchar(10),@r) --转化成字符
    set @mycardid='1010 6787'+space(1)+substring(@s,3,4)+space(1)+
    substring(@s,7,4)   --前8位数字及空格与用随机数截取的后8位组合成19
位数
    Go
```

C#端的代码如下所示。

```
    private void button1_Click(object sender, EventArgs e)
    {
    SqlConnection myconn = new SqlConnection("server=html;
uid=sa; pwd=123; database=aaa");
     DataSet myds = new DataSet();
     myconn.Open();
     SqlCommand cmd = new SqlCommand("proc_cardID", myconn);
     cmd.CommandType = CommandType.StoredProcedure;
    cmd.Parameters.Add("@randcardID",SqlDbType.VarChar, 20).
Direction= ParameterDirection.Output; //说明参数类型为输出型参数
     cmd.ExecuteNonQuery();
    //通过存储过程把计算结果显示在文本框中
     textBox1.Text=cmd.Parameters["@randcardID"].Value.
ToString();
      }
```

本章总结

本章首先讲述了ADO.NET中的五大对象Connection、Command、DataReader、DataAdaper和DataSet的相关属性、方法和应用；其次讲解了C#中XML文件的定义和应用，最后讲解了在C#中如何连接服务器和如何调用服务器端写好的存储过程。

练习与实践

【选择题】

1．每种.NET数据提供的程序都位于(　)命名空间内。

A．System.Provider　　B．System.Data

C．System.DataProvider　　D．System.Data.SqlClient

2．ADO.NET的两个主要组件是(　)和(　)。

A．DataAdaper和DataSet

B．Connection和Command

C．.NET数据提供程序和Commad

D．DataSet和.NET数据提供程序

3．Connection类继承（　）接口。

A．Iconnection　　B．Idbconnection

C．IdatabaseConnection　　D．IdbCommand

4．Connection对象的(　)方法用于打开与数据库的连接。

A．Close　　B. ConnectionString　　C．Open()　　D．Database

5．Connection对象的(　)方法用于开始事务的处理。

A．BeginTransaction　B.Rollback　　C．Commit　　D．Save

6．(　)是轻量级的，可以更快、更高效地只读和只进数据。

A．DataAdpter　　B．DataSet　　C．DataReader　　D．DataSource

【问答题】

1．在ADO.NET编程中五大对象分别是什么，各有什么特点？

2．使用DataAdapter填充DataSet最有效的方式是什么？

3．Command对象和DataReader对象具有什么特点，分别具有哪些常用的属性和方法？

4．DataGrid控件常用的属性和方法有哪些？

5．在C#开发环境中如何连接MySQL数据库，具体步骤是什么？

【实训任务】

完成登录窗体、主窗体的设计与制作	
项目背景介绍	根据下图完成相关窗体的设计与代码编写。账号和密码存储在Sql lServer数据库中，通过输入账号、密码和验证码进入主窗体。如果账户、密码与数据库一致且验证正确则登录成功，可以进入主窗体。

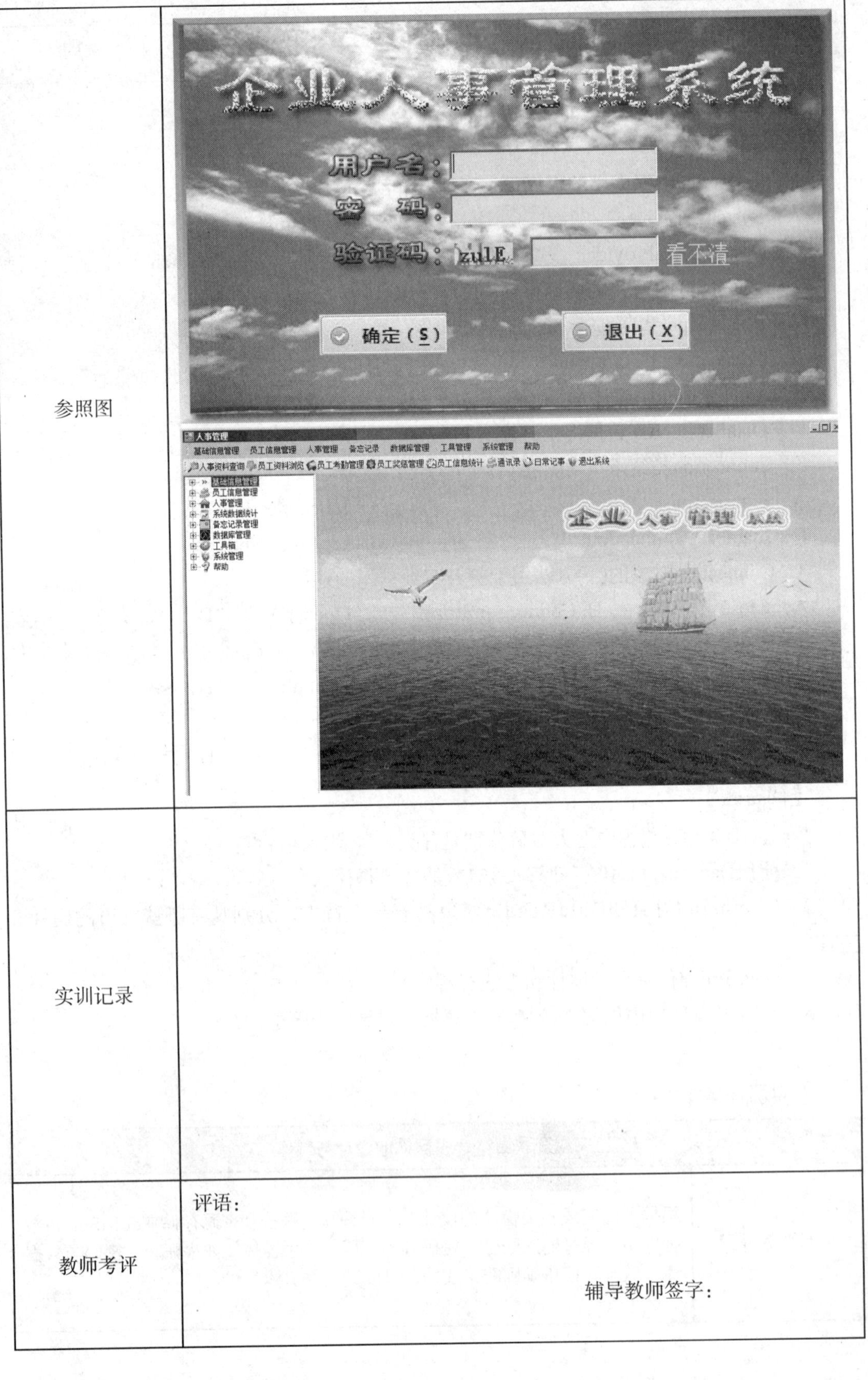

参照图	
实训记录	
教师考评	评语： 辅导教师签字：

第12章

LINQ编程

本章导读

语言集成查询（LINQ）能够将查询功能直接引入到.NET Framework所支持的编程语言中，查询操作可以通过编程语言自身来表达，而不是以字符串形式嵌入到应用程序代码中。LINQ可以为C#和Visual Basic提供强大的查询功能。LINQ引入了标准的、易于学习的查询和更新数据模式，可以对其技术进行扩展，以支持几乎任何类型的数据存储。

学习目标

- 掌握LINQ查询的关键字
- 掌握使用var创建隐型局部变量
- 掌握Lambda表达式的使用

技能要点

- 通过LINQ访问SQL Server数据库
- 查询表达式

实训任务

- 通过LINQ技术对学生信息进行添加、删除、修改等操作

12.1 LINQ概述

12.1.1 LINQ简述

语言集成查询（LINQ）在Visual Studio 2008 和.NET Framework 3.5版中支持，它在对象领域和数据领域之间架起了一座桥梁。程序开发人员可以使用关键字和熟悉的运算符针对强类型化对象集合编写查询。在Visual Studio中，可以用Visual Basic或C#为以下各种数据源编写 LINQ查询：SQL Server数据库、XML文档、ADO.NET数据集以及支持IEnumerable或泛型IEnumerable(T)接口的任意对象集合。同时，提供了对ADO.NET Entity Framework的LINQ支持，并且第三方提供了许多Web服务和其他数据库实现编写的LINQ程序。集成语言查询技术为程序开发人员提供了五个比较实用的数据访问类型。

LINQ To Object：可以允许对内存中的类对象查询。

LINQ To DataSet：可以对内存中的DataSet缓存数据执行数据访问。

LINQ To Xml：针对XML进行编程。

LINQ to Entity：提供了对关系数据库的数据访问，可以使得开发者不必通过编写负责ADO.NET的数据访问层就可以实现对数据库的访问，也可以两者一起结合使用。

LINQ To SQL：这个由于只限于SQL Server数据库，所以目前已经被LINQ To Entity逐渐取代。具体功能结构如图12-1所示。

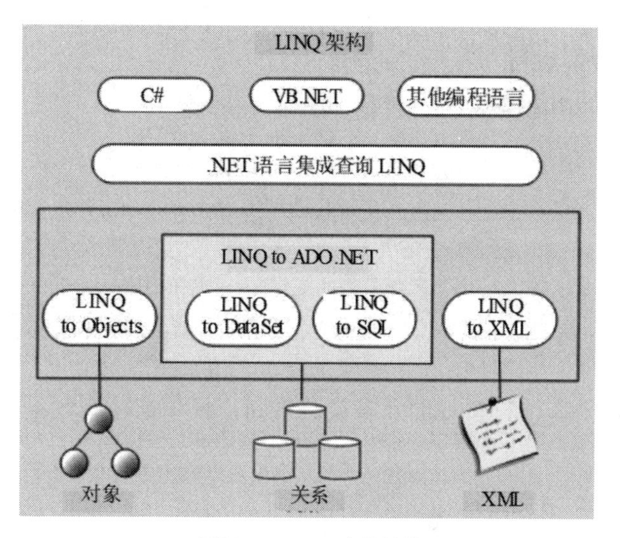

图12-1　LINQ功能结构

12.1.2　LINQ查询

查询是一种从数据源检索数据的表达式。查询通常用专门的查询语言来表示。在LINQ查询中，始终会用到对象。可以使用相同的基本编码模式来查询和转换XML文档、SQL数据库、ADO.NET数据集、.NET集合中的数据以及对其有LINQ提供程序可用的任何其他格式的数据。

所有LINQ查询操作都由以下三个不同的操作组成。

（1）获取数据源。

（2）创建查询。

（3）执行查询。

下面的案例演示如何用源代码表示查询操作的三个部分。为了方便起见，此案例将一个整数数组用作数据源，但其中涉及的概念同样适用于其他数据源。

```
class IntroToLINQ
{
    static void Main()
    {
    // 1. 数据源
    int[] numbers = new int[7] { 0, 1, 2, 3, 4, 5, 6 };
    // 2. 创建查询
    var Dcx=
    from d in numbers
    where (d % 2) == 0
    select d;
```

```
        // 3.查询执行
          foreach (int x in Dcx)
          {
          Console.Write("{0,1} ", x);
          }
      }
   }
```

在LINQ中，查询的执行与查询本身截然不同；换句话说，如果只是创建查询变量，则不会检索任何数据。

12.1.3 LINQ 和泛型类型

LINQ 查询基于泛型类型，在.NET Framework的2.0版中就引入了泛型类型。读者无需深入了解泛型即可开始编写查询。

```
    static void Main()
    {//定义一个字符数组
    string[] Customer = new string[] { "liming",
"liushangchao", "hegong", "lixiao" };
    //定义LINQ查询表达式，从数组中查找长度大于3的所有项
    IEnumerable <string> customerQuery=
    from cust in Customer
    where cust.Length>3
    select cust;
    //执行LINQ查询，并输出结果
    foreach (string customer in customerQuery)
    {
      Console.WriteLine(customer);
    }
    Console.ReadLine();
    }
```

12.1.4 Lambda表达式

Lambda表达式在LINQ中使用非常多，要想学好LINQ，就必须先了解什么是Lambda表达式，以及它是如何使用的。首先看一个Lambda表达式在LINQ查询中应用的例子，通过这个例子能够更快地理解Lambda表达式。

具体代码如下所述。

```
class Program
{
    static void Main(string[] args)
    {
      int[] numbers = { 2,5,28,31,17,16,42};   //创建数据源
      var numsMethod = numbers.Where(x => x < 20);
//x=>x<20即为Lambda表达式
      foreach (var x in numsMethod) //使用foreach语句遍历结果
      {
            Console.Write("{0}",x);
            Console.WriteLine();
      }
            Console.ReadKey();
    }
}
```

程序运行后输出结果，如图12-2所示。

图12-2　运行结果

通过这个例子，大家已经看到了Lambda表达式在LINQ查询中的使用，接下来详细了解一下什么是Lambda表达式。

1. 什么是Lambda表达式？

据资料所知，Lambda表达式来源于数学家Alonzo Church等人在1920年到1930年间发明的Lambda积分。Lambda积分是用于表示函数的一套系统，它使用希腊字母lambda(λ)来表示无名函数。近来，诸如Lisp和与其相似的函数式编程语言使用这个术语来表示可以直接用于描述函数定义的表达式，表达式不再需要名字了。

2. Lambda表达式的作用

Lambda表达式的作用是简化匿名方法。

3. 匿名方法转化为Lambda表达式

通过如下步骤可以将匿名方法转换为Lambda表达式。

（1）删除delegate关键字。

（2）在参数列表和匿名方法主体之间放Lambda运算符=>。Lambda运算符读作“goes to”。如下代码演示了这种转换。

```
MyDel del1 =(int x) =>{ return x + 1;  }; //Lambda表达式。
MyDel del2 =(x) =>{ return x + 1;  }; //Lambda表达式。
MyDel del3 =x =>{ return x + 1;  }; //Lambda表达式。
MyDel del4 =x => x+1; //Lambda表达式。
```

12.2 LINQ查询表达式

12.2.1 数据源

在LINQ查询中，第一步是指定数据源，这点与SQL语句中的select…from语句差不多。在LINQ查询中，最先使用from子句的目的是引入数据源。

```
var x = from stu in student
select cust;
```

注意 对于非泛型数据源（如ArrayList），必须显示类型化范围变量。有关更多信息，请参见如何使用LINQ查询ArrayList和from子句。

12.2.2 筛选

筛选就是把满足条件的结果查询出来。相当于曾经学习过的SQL语句中的where子句，LINQ表达式中筛选也是where子句，通过where子句生成结果。在下面的案例中，只返回那些学历为“专科”、专业为“软件开发”的学生。

```
Var query=from s in student
    Where s.学历="专科" && 专业="软件开发"
    Select s;
```

12.2.3 排序

排序语句对查询结果进行排序。与SQL语句相比，LINQ表达式中的排序子句是orderby，而SQL语句是order by，两者之间存在细微的差别。在SQL语句中order和by之间有空格，而LINQ中没有，排序语句分为升序和降序，分别用关键字ascending和descending表示，这点与SQL语句也有所区别。在下面的案例中按学生的年龄进行升序排列，年龄小的排在前面，年龄大的排在后面。

```
Var query=from s in student
Where s.学历="专科" && 专业="软件开发"
Orderby s.年龄 ascending
Select s;
```

若要按相反顺序对结果进行排序，请使用orderby…descending子句。

12.2.4 分组

使用group子句，可以按指定的键分组结果。分组就是把相同结果的东西放在一起。例如，可以指定结果按学历分组，相同学历的分在一个组中。在本例中，“s.学历”是键。

```
var queryxli=
from s in 学生表
group s by s.学历;
foreach (var x in queryxli)
{
    Console.WriteLine(x.Key);
}
```

在group子句结束查询时，结果采用列表的形式。如果必须引用组操作的结果，可以使用into关键字指定可进一步查询的标识符。

```
from a in linq.学生表
group a by a.性别 into b
select new
  {
      性别 = b.Key,
      人数 = b.Count(),
      平均年龄 =b.Average(a=>a.年龄)
  };
```

12.2.5 联接

联接运算就是把不同的表通过公共字段联接起来。例如，我们可以执行联接来查找符合以下条件的所有信息：专业是软件开发，且年龄在20岁以上。在LINQ中，join子句始终针对对象集合，而非直接针对数据库表运行。在LINQ中，程序开发人员不必像在SQL中那样频繁使用join。例如，学生表对象包含学号对象的集合，成绩表中也有学号，则两张表就可以通过学号这个公共字段建立联接，代码如下所述。

```
    Var lianjiequery
    from main in stuinfo join detail in stumarks on main.stuno
equals detail.stuno
    select new
    {
        学号=main.stuno,
        姓名=main.stuname,
        性别=main.sex,
        机试成绩=detail.labExam,
        笔试成绩=detail.writeExam
    };
```


12.2.6 投影

select子句生成查询结果并指定每个返回元素的形状或类型。例如，可以指定结果包含的是整个对象、一个成员的子集，还可以是某个基于计算或新对象创建的完全不同的结果类型。当select子句生成除源元素副本以外的内容时，该操作称为投影。使用投影转换数据是LINQ查询表达式的一种强大的功能。

例如，上面代码中的select子句就是一个投影操作，它将连接查询的结果生成一个新的对象，代码如下所述。

```
    select new
    {
        学号=main.stuno,
        姓名=main.stuname,
        性别=main.sex,
        机试成绩=detail.labExam,
        笔试成绩=detail.writeExam
    } ;
```

12.3 LINQ操作SQL Server数据库

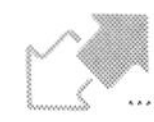

12.3.1 使用LINQ查询SQL Server数据库

使用LINQ查询数据库时，需要创建LinqToSql类文件，创建步骤如下。

（1）启动Visual Studio 2017环境，创建一个Windows应用程序。

（2）在“解决方案资源管理器”窗口中选中当前项目，单击鼠标右键，在弹出的快捷菜单中选择“添加/建立新项”，如图12-3所示。

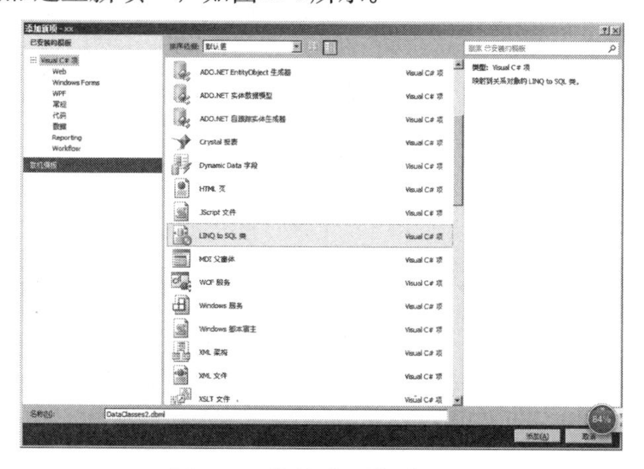

图12-3 “添加新项”对话框

（3）在上图对话框中选择“LINQ to SQL类”，并输入名称，单击“添加”按钮，添加一个“LINQ to SQL类”文件。

（4）在“服务器资源管理器”窗口中连接SQL Server数据库，然后将相关表拖拽到设计视图中，映射到dbml中，如图12-4所示。

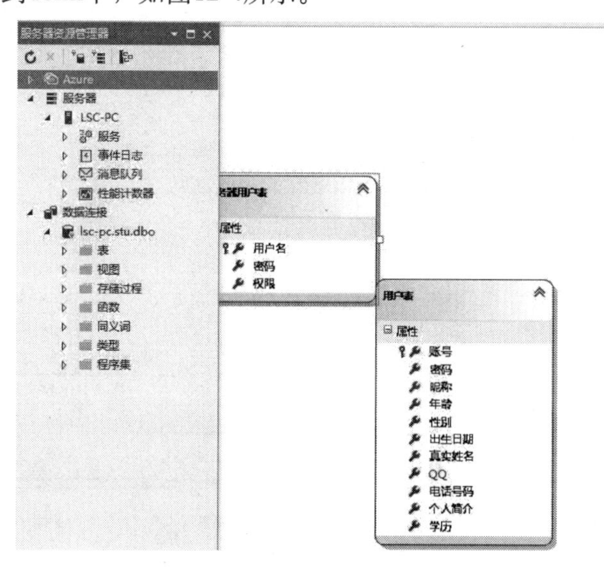

图12-4 LINQ连接SQL Server数据库表

（5）.dbml文件将自动创建一个名称为DataContext的数据类，为数据库提供查询或操作数据库的方法，LINQ数据源创建完毕。

创建完LinqToSql类文件后，接下来就可以使用了，下面通过一个案例讲解如何使用LINQ查询SQL Server数据库。

案例1

创建一个Windows窗体，通过学生姓名查询相关信息。

```
    //创建服务器连接
    DataClasses1DataContext db = new DataClasses1DataContext("
server=html; uid=sa; pwd=123; database=djj");
    var result = from s in db.学生表
          where s.姓名==textBox1.Text
          select new
          {
              学号 = s.学号,
              姓名 = s.姓名,
              性别 = s.性别,
              年龄 = s.年龄

          };
          dataGridView1.DataSource = result;
```


查询功能也可以比较复杂，现在完成一个相对比较复杂的学生信息查询，界面设计如图12-5所示。

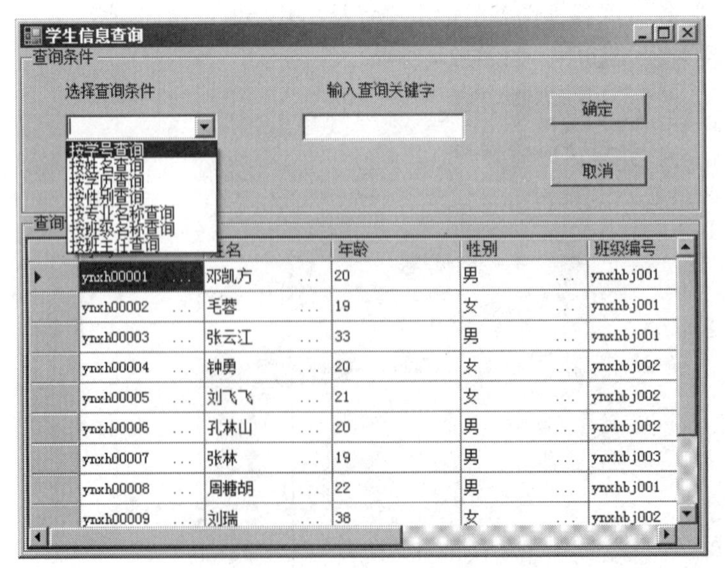

图12-5　学生信息查询

该查询功能根据用户选择的查询条件，输入查询关键字实现查询。如果用户选择“按班主任查询”，在查询关键字文本框中输入“殷鹏”，则执行结果如图12-6所示。

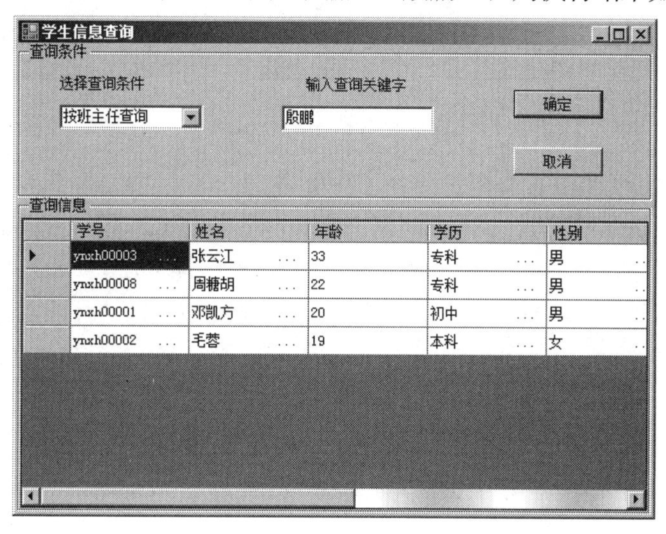

图12-6　学生信息查询结果

具体的实现方法如下所述。

（1）按图12-5的布局设计界面。

（2）连接服务器，并在窗体加载事件下显示数据库中的数据，代码如下所述。

```
  //在当前窗体类中定义全局变量
  public partial class cxstudent : Form
  {
      public string  strconn="server=html; uid=sa; pwd=123;
database=stu";
         DataClassesDataContext linq;

     ...... //省略部分代码
  //窗体加载事件中显示学生信息
     private void cxstudent_Load(object sender, EventArgs e)
        {
            linq = new DataClassesDataContext(strconn);
            var query = from x in linq.student
                        select x;
            dataGridView1.DataSource = query;
        }
  }
```

（3）在确定按钮事件中实现查询功能，代码如下所述。

```
private void button1_Click(object sender, EventArgs e)
  {
   //选择查询方式
    switch (comboBox1.Text)
      {
      case "按学号查询": var query = from x in linq.student
                             where x.学号.Contains(textBox1.Text)
                              select x; //Contains是linq中进行模糊
查询的关键字
                        dataGridView1.DataSource=query;
                        break;
      case "按姓名查询": var query1=from x in linq.student
                             where x.姓名.Contains(textBox1.Text)
                             select x;
                        dataGridView1.DataSource = query1;
                        break;
      case "按学历查询": var query2 =from x in linq.student
                             where x.学历 ==textBox1.Text
                             select x;
                            dataGridView1.DataSource = query2;
                        break;
      case "按性别查询": var query3 = from x in linq.student
                             where x.性别 == textBox1.Text
                             select x;
                        dataGridView1.DataSource = query3;
                        break;
       case "按专业名称查询": //专业查询涉及到专业表和学生表，两表连接
  var query4 = from x in linq.专业表
                  join y in linq.student on x.专业编号 equals y.专
业编号  where x.专业名称.Contains(textBox1.Text)
                                   select new
                                   {
                                     学号 = y.学号,
                                     姓名 = y.姓名,
                                     学历 = y.学历,
                                     性别 = y.性别,
                                     年龄 = y.年龄,
```

```
                    专业名称 = x.专业名称
                };
            dataGridView1.DataSource = query4;
            break;

    case "按班主任查询": var query5 = from x in linq.班级表
                    join y in linq.student on x.班级编号
equals y.班级编号 join z in linq.专业表 on y.专业编号 equals z.专
业编号
                    where x.班主任.Contains(textBox1.Text)
                    orderby y.年龄 descending //按年龄
降序排列
                    select new
                    {
                        学号 = y.学号,
                        姓名 = y.姓名,
                        学历 = y.学历,
                        性别 = y.性别,
                        年龄 = y.年龄,
                        班级名称 = x.班级名称,
                        班主任 = x.班主任,
                        专业名称 =z.专业名称,
                        费用=z.费用
                    };
            dataGridView1.DataSource = query5;
            break;
        }
    }
```

12.3.2 使用LINQ更新SQL Server数据库

使用LINQ修改数据库时，主要有添加、修改和删除3种操作，本节将分别进行详细讲解。

1. 添加数据

使用LINQ向SQL Server数据库添加数据时，需要用到InsertOnSubmit方法和SubmitChanges方法。其中，InsertOnSubmit方法用来将处于pending insert状态的数据添加到SQL 数据表中。其语法格式如下所示。

```
Void InsertOnSubmit(object entity),其中，entity表示要添加的实体。
```

SubmitChanges方法用于记录要插入、更新或删除的对象，并执行相应的命令，以实现对数据库的更改。其语法格式如下所示。

```
public  void SubmitChanges()
```

案例2

向学生表中录入一条数据。

```
DataClasses1DataContext db = new DataClasses1DataContext(s
trconn);
              学生表 s = new 学生表();
              s.学号 = textBox1.Text;
              s.姓名 = textBox2.Text;
              s.年龄 =Convert.ToInt32(textBox3.Text);
              db.学生表.InsertOnSubmit(s);
              db.SubmitChanges();
              MessageBox.Show("数据录入成功");
               var result = from ss in db.学生表
                            select new
                            {
                                学号 = ss.学号,
                                姓名 = ss.姓名,
                                性别 = ss.性别,
                                年龄 = ss.年龄
                            };
                dataGridView1.DataSource = result;
```

2.修改数据

使用LINQ修改SQL Server数据库中的数据时，需要用到SubmitChanges方法。该方法在“添加数据”中已经介绍过，在此不再赘述。

案例3

修改学生信息。设计界面如图12-7所示。

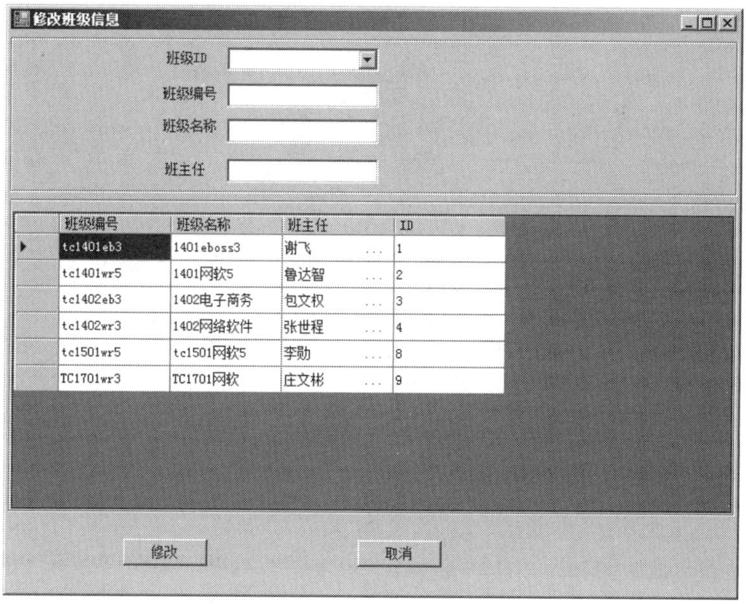

图12-7　设计界面

具体代码如下所述。

```
    private void dataGridView1_CellClick(object sender,
DataGridViewCellEventArgs e)
            {
                DataClasses1DataContext db = new DataClasses1
DataContext("server=html; uid=sa; pwd=123; database=djj");
                comboBox1.Text = dataGridView1[3, e.RowIndex].
Value.ToString();
                //根据选中的班级ID获取其详细信息，并重新生成一张表
                var result = from s in db.班级表
                                         where s.ID==Convert
.ToInt32(comboBox1.Text)
                             select new
                             {
                                 班级编号 = s.班级编号,
                                 班级名称 = s.班级名称,
                                 班主任 = s.班主任
                             };
                //相应的文本框及下拉列表显示选中的详细信息
                foreach (var x in result)
                {
                    textBox1.Text = x.班级编号;
```

```
                textBox2.Text = x.班级名称;
                textBox3.Text = x.班主任
            }
        }
    //修改按钮
    private void button1_Click(object sender, EventArgs e)
        {
            if (comboBox1.Text == "")
            {
                MessageBox.Show("请选择要修改的记录");
                return;
            }
            DataClasses1DataContext db = new DataClasses1D-
ataContext("server=html; uid=sa; pwd=123; database=djj");
            var result = from s in db.班级表
                                    where  s.ID  ==  Convert
.ToInt32(comboBox1.Text)
            select s;
            //对指定的班级信息进行修改
            foreach (班级表 x in result)
            {
                x.班级编号= textBox1.Text;
                x.班级名称= textBox2.Text;
                x.班主任=textBox3.Text;
                db.SubmitChanges();
            }
            MessageBox.Show("班级信息修改成功!");
            var info = from s in db.班级表
                                    where  s.ID  ==  Convert
.ToInt32(comboBox1.Text)
                        select new
                        {
                            班级编号 = s.班级编号,
                            班级名称 = s.班级名称,
                            班主任 = s.班主任
                        };
            dataGridView1.DataSource =info;
        }
```

3. 删除数据

使用LINQ删除SQL Server数据库汇总数据时，需要用到DeleteAllOnSubmit方法和SubmitChanges方法。DeleteAllSubmit方法用来将集合中的所有实体置于pending delete状态，其语法格式如下：

DeleteAllOnSubmit(lEnumerable entities)，其中entities表示要移除的所有项的集合。

案例4

删除班级信息，界面设计如图12-8所示。

图12-8　设计界面

具体代码如下所述。

```
    //窗体加载时运行的代码，主要是连接服务器和显示数据
    private void delbj_Load(object sender, EventArgs e)
            {
                DataClasses1DataContext db = new DataClasses1
DataContext("server=html; uid=sa; pwd=123; database=djj");
                var result = from s in db.班级表
                             select s;
                var info = from s in db.班级表
                           select new
                           {
                               ID = s.ID,
                               班级编号 = s.班级编号,
                               班级名称 = s.班级名称,
                               班主任 = s.班主任

                           };
                dataGridView1.DataSource = info;
```

```
            }
    //在表格中选中数据
      private void dataGridView1_CellClick(object sender,
DataGridViewCellEventArgs e)
            {
                  DataClasses1DataContext db = new
DataClasses1DataContext(str);
                  strid=dataGridView1[0, e.RowIndex].Value
.ToString();
            }
    //设计弹出式菜单，并在其单击事件下进行删除操作
    private void 删除ToolStripMenuItem_Click(object sender,
EventArgs e)
            {
                if (strid== "")
                {
                    MessageBox.Show("请选择要删除的记录");
                    return;
                }
                //对指定的班级信息进行删除
                 DataClasses1DataContext db = new DataClasses1
DataContext("server=html; uid=sa; pwd=123; database=djj");
                var result = from s in db.班级表
                                         where s.ID == Convert
.ToInt32(strid)
                             select s;
                db.班级表.DeleteAllOnSubmit(result);
                db.SubmitChanges();
                MessageBox.Show("班级信息删除成功!");
                var info = from s in db.班级表
                           select new
                           {   ID=s.ID,
                               班级编号 = s.班级编号,
                               班级名称 = s.班级名称,
                               班主任 = s.班主任
                           };
                dataGridView1.DataSource = info;
            }
```

本章总结

本章主要对LINQ查询表达式的常用操作及如何使用LINQ操作SQL Server数据库进行了详细讲解，LINQ技术是C#中一种非常实用的技术，通过使用LINQ技术，可以在很大程度上方便程序开发人员对各种数据的访问。通过本章的学习，读者应熟练掌握LINQ技术的基础语法及LINQ查询表达式的常用操作，并掌握如何使用LINQ对SQL Server数据库进行操作。

练习与实践

【选择题】

1．LINQ表达式子句中from子句用于（　）。

A．连接　　B．选择数据源　　C．排序　　D．分组

2．LINQ中用于定义隐型局部变量的关键字是（　）。

A．Local　　B．private　　C．var　　D．declare

3．使用LINQ添加数据时需要用到（　）和（　）方法。

A．Insert和Update　　B．Append 和Commit

C．InsertOnSubmit和SubmitChanges　　D．Insert和Commit

【问答题】

1．Lambda表达式的标准格式是什么？

2．使用LINQ对SQL Server数据库进行删除、添加和修改时主要用到哪些方法？

3．简述LINQ相对于ADO.NET的优势是什么？

【实训任务】

LINQ数据库读取	
项目背景介绍	通过LINQ数据库技术完成对学生信息的添加、删除、修改和查询。
设计任务概述	根据本章所学的LINQ To SQL，在SQL Server中设计一张学生表，完成学生信息的添加、查询，修改和删除。
参照图	学生信息录入 学号 班级名称 照片 姓名 专业名称 年龄 学历 性别 入学日期 2017年 2月16日 选择照片 学号 姓名 性别 年龄 专业编号 学历 入学日期 班级 123 艳好然 男 20 ynxhzy001 专科 2015/07/31 234 w4er 男 26 ynxhzy001 专科 2017/02/10 3 fd 男 23 ynxhzy002 高中或同等学历 2017/02/07 333 65 男 5 ynxhzy002 本科 2017/02/14 5667 43543 男 45 ynxhzy002 专科 2017/02/14 ynxhxs0001 刘福来 男 20 专科 2016/03/16 ynxhxs0002 陈宏 男 专科 2016/03/16 ynxhxs0003 王谢 女 324 本科 2016/05/03 确定 取消
实训记录	
教师考评	评语： 辅导教师签字：

选择题参考答案

第三章

选择题

1．B　2．C　3．D　4．C　5．C　6．D　7．B　8．A　9．B　10．B

第四章

选择题

1．B　2．C　3．C　4．B　5．A　6．B

第五章

选择题

1．A　2．B　3．B　4．B　5．B　6．C

第六章

选择题

1．ABC　2．B　3．D　4．AC　5．B

第七章

选择题

1．B　2．D　3．C　4．A　5．C　6．B　7．C

第八章

选择题

1．D　2．C　3．B　4．AB　5．D

第九章

选择题

1．D　2．B　3．A　4．B　5．B　6．C　7．C　8．D

第十章

1．D　2．B　3．B　4．AB　5．C　6．D　7．B　8．AB　9．A　10．ACD

第十一章

选择题

1．B　2．D　3．B　4．C　5．A　6．C

第十二章

选择题

1．B　2．C　3．C

参考文献

[1] 孙晓非. C#程序设计基础教程与实验指导[M]. 北京：清华大学出版社出社, 2012.
[2] 赵增敏. SQL Server 2012实用教程[M]. 北京：电子工业出版社, 2012.
[3] 甘勇著. C#程序设计[M]. 北京：人民邮电出版社, 2015.
[4] John sharp.Visual Studio 2012从入门到精通[M]. 北京：清华大学出版社, 2010.
[5] 朱成,胡伟群等. 一种图书馆综合门户网站管理系统的开发与应用[J]. 合肥：电脑知识与技术, 2008.
[6] 姚世明. 事务存储过程在金融信息系统中的应用[J]. 广州：华南金融电脑, 2008.
[7] 伍婧琪. 校园二手交易平台的设计与实现[D]. 长沙：湖南大学硕士论文, 2017.
[8] 刘上朝. 论企业信息化中存储过程的应用[J]. 太原：文化产业, 2015.